今天吃点不一样的

料理兔Adia
著

U0388277

黑龙江科学技术出版社
HEILONGJIANG SCIENCE AND TECHNOLOGY PRESS

图书在版编目（CIP）数据

今天吃点不一样的 / 料理兔 Adia 著 . -- 哈尔滨：
黑龙江科学技术出版社，2019.1
ISBN 978-7-5388-9884-2

Ⅰ . ①今… Ⅱ . ①料… Ⅲ . ①食谱 Ⅳ .
① TS972.12

中国版本图书馆 CIP 数据核字 (2018) 第 251691 号

今天吃点不一样的

JINTIAN CHIDIAN BU YIYANG DE

作　者	料理兔 Adia	
项目总监	薛方闻	
责任编辑	马远洋	
策　划	深圳市金版文化发展股份有限公司	
封面设计	深圳市金版文化发展股份有限公司	
出　版	黑龙江科学技术出版社	

　　　　　　地址：哈尔滨市南岗区公安街 70-2 号　邮编：150007
　　　　　　电话：（0451）53642106　传真：（0451）53642143
　　　　　　网址：www.lkcbs.cn

发　行	全国新华书店	
印　刷	深圳市雅佳图印刷有限公司	
开　本	720 mm × 1020 mm　1/16	
印　张	14	
字　数	200 千字	
版　次	2019 年 1 月第 1 版	
印　次	2019 年 1 月第 1 次印刷	
书　号	ISBN 978-7-5388-9884-2	
定　价	39.80 元	

序 吃得不凑合，生活才不将就

⊙料理兔 Adia

毕业之后一直是朝九晚六的上班族，闲暇时间不多，但我依然把几乎可自由支配的全部时间都献给了厨房。我的厨房只有 3.8 平方米，虽然小得可怜，但却给了我大大的安慰。

有人问我：你为什么这么喜欢下厨？

我喜欢锅碗瓢盆叮叮当当的撞击声、"咚咚咚"的切菜声、蛋液入锅一刹那的响声。

我喜欢蒸馒头时氤氲在屋顶的热气、煲仔饭黄焦脆的锅巴、烤箱里慢慢爬高的面团。

锅底金

我喜欢葱花经过热油洗礼后四溢的香气、做焦糖香蕉时与朗姆酒产生化学反应的芬芳、吃火锅时久久不能散去的带着辣香的烟火味，这些不起眼的不足以跟别人分享的小片段是对心灵的救赎。

后来老公外派尼泊尔常驻，我也跟去了随任。突然有了大把的时间可以专心精研厨艺，欣喜之余发现又有了新的挑战。尼泊尔刚刚经历了 8.1 级大地震，百废待兴；受地质条件和漫长的雨季影响，与中国的陆路运输时断时续，又遭受印度禁运，物资匮乏。即使终于恢复了太平日子，超市里的食材也只有土豆、胡萝卜、洋葱等不多的几样，我终于深刻理解了什么叫"巧妇难为无米之炊"。从之前"想做什么就去买什么食材"转变成"有什么食材再想怎么做"。别人回国带回来的是小零食、衣服和生活必需品，我回国背的全是厨房电器、食材和食器，大到面包机、咖啡机、豆浆机，小到糯米粉、肉松、杏仁片、酱料、刀叉、茶巾……每每有好心的同事回国，问我需不需要帮忙带东西回来，我都小心翼翼地问："易碎品可以吗？比如碗、杯子？"常常有人不理解，反正在尼泊尔的时间只有四年，何必带那么多华而不实的餐具，凑合凑合用不锈钢碗不是一样吃？

凑合了这个四年，再凑合下个四年，人生又有几个四年？

虽然苦水很多，快乐也不少。每每用最平常的食材开发了一道新菜，我都欣喜若狂。不像在国内一年四季都可以吃到各种蔬果，在这里每当有时令食材新鲜上市，心情就像中了彩票一般，对大地心怀感恩，快乐变得如此简单。

也许你正在过着早出晚归挤地铁的日子，也许你跟我一样只有一个小到几乎转不开身的厨房，也许你所在的城市买不到那么华丽的食材……这些都没关系，并不妨碍我们歌颂生活的真心。

很幸运能有机会与你们分享我的小食谱，美食陪伴的异乡日子简单而充实，柴米油盐酱醋茶是生活最好的调料，希望通过这本书把一食一味的小幸福也传递给你。

1

——一米一面中的朝朝暮暮——

写给主食的情书

Part

2

把日子烘焙成甜蜜时光——

与下午茶的邂逅

Part

3

餐后来一份才算 Ending——

幸福好汤 & 果饮

本书的食材用量说明：

1 茶匙 = 5 毫升

1 汤匙 =15 毫升

1 杯 =240 毫升

一般来讲，会用量勺来称量一些分量小的原料，例如酵母、盐、醋、酱油等；用量杯来称量分量大的原料，例如面粉、牛奶、白砂糖、黄油等。

一米一面中的朝朝暮暮——

写给主食的情书

　　在一日三餐中，最常吃的主食就是米饭和馒头了，吃腻了难免会想换个花样，尝试下新口味。本章精选了 12 道别样风味的主食，包含汉堡、寿司、肉卷、饼等，样式多样，在家常主食的基础上增添了个人独特的制作方法，且都营养丰富，口味鲜美，简单易学。让一米一面在陪你的朝朝暮暮里，抒写更温情的情书。

01 米汉堡

一碗米饭的无限种可能

南人食米，北人食麦，仿佛是无须解释的真理。身为一个北方妹子，我却对米饭情有独钟。

时间与稻米朝朝暮暮默契配合，日月清明，风雨以时，五谷丰稔，穰穰满家，粮食是大自然对辛勤劳作的人们的慷慨馈赠。一碗米饭，看似平凡，却有无限可能。

《红楼梦》里有一碗热腾腾碧莹莹的绿畦香稻粳米饭，单是这形容便叫人胃口大开，想一尝为快。《深夜食堂》里的黄油拌饭，只是加了一块黄油和三滴酱油，就足以温暖人心，回味悠长。

少放水，为干饭；多加水，为稀饭。或盖浇，或汤泡，或蛋炒，印度人的手抓饭，意大利人的烩饭，西班牙人的海鲜饭，这大概就是米饭包罗万象的魅力，配得上山珍海味，也容得下寡水清汤。

正是米饭的百变让人为之着迷，花点巧思就能让它变成另一道充满创意的美味主食。

现在，就让我用牛肉米汉堡，写一封给米饭的情书。

浓香的米饭中间夹入胡萝卜、青菜和牛肉饼，让人忍不住胃口大开。

材 料

配菜材料：　　　　　米饭…………　3 杯　　　　牛肉…………　1.5 杯
胡萝卜………… 1 根　　橄榄油………… 少许　　十三香…………　2.5 克
苹果醋………50 毫升　黑芝麻、生抽各少许　糖…………… 2.5 克
白砂糖………… 5 克　肉饼材料：　　　　盐…………… 2.5 克
生菜………… 2 片　　黄油………… 少许　　生抽…………　7.5 毫升
牛油果………… 1 个　中型洋葱……… 1 个　料酒…………　5 毫升
米饼材料：　　　　胡萝卜………… 半根　橄榄油………　5 毫升

做 法

准备配菜：

1. 用削皮刀将胡萝卜削成薄片，用苹果醋和白砂糖腌制 30 分钟以上；生菜洗净，牛油果去皮切片备用。

制作米饼：

2. 在保鲜膜上放圆形模具，在模具中加入米饭，裹上保鲜膜压实。

3. 将米饼取出，表面刷一层生抽和橄榄油。

4. 放入平底锅中，小火双面煎至有锅巴，或者在烤箱中 200℃烤制 15 分钟，中途翻面。

制作肉饼：

5. 洋葱切丁，在锅中用黄油翻炒至透明。打碎机中加入洋葱、胡萝卜、牛肉、十三香、糖、盐、生抽、料酒、橄榄油，搅拌成泥，制成肉馅。

6. 平底锅中加入少量食用油开小火，放上煎蛋器，在煎蛋器中加入肉馅压实，两面煎熟，制成肉饼。

组装：

7. 从下至上，米饼 + 生菜 + 肉饼 + 牛油果片 + 胡萝卜片 + 米饼，表面撒黑芝麻，即可食用。

02 牛油果三文鱼寿司

不经意的小乐趣

　　村上春树前几年出版了随笔集《大萝卜和难挑的鳄梨》，村上说他觉得世界上最大的难题，恐怕就是预言鳄梨的成熟期了。

　　这里说的鳄梨就是牛油果，第一次品尝的时候让我很惊喜，丰腴的口感像极了肥美的三文鱼，于是尝试着像吃刺身一样蘸芥末酱油，竟意外地发现十分美味，好似发现了一个隐秘的小乐趣，心里一阵窃喜。

　　像这样琐碎的小乐趣在生活中是常见的，例如口腹之福、月下的漫步、密友的会晤、美好的阅读或是悦耳的音乐，幽微而不足为外人道也。但也正是因为这些不起眼的生活细节，开启了我们感知世界的一小扇门，才不惧寂寞，可以更愉快从容地和自己相处。

　　我眼里的牛油果有一位兄弟，那就是三文鱼。牛油果和三文鱼就是彼此世界里的自己。它们有着相似的口感，都是具有护肤功效的美容食物，二者结合碰撞出的火花，也请一定不要错过。

牛油果和三文鱼向来是好搭档，是不可多得的高营养高颜值组合。

材 料

米饭…………… 2 杯

寿司醋………45 毫升

三文鱼………… 1 杯

柠檬汁………… 少许

小葱碎………… 少许

番茄酱………… 少许

海苔…………… 1 张

牛油果………… 半个

黄瓜条………… 半根

芝麻…………… 少许

芥末…………… 少许

寿司酱油……… 少许

白醋…………… 少许

做 法

制作寿司饭：

1. 在蒸好的米饭中趁热加入寿司醋搅拌均匀，放凉备用，如果不凉的话海苔会变得软塌塌影响口感。寿司醋与米饭的比例是 1∶10。

制作馅料：

2. 将生三文鱼切丁，加入少许柠檬汁、小葱碎、番茄酱拌匀。

组装：

3.将海苔铺在寿司帘上，码上米饭（海苔上下留出 1 厘米）。

4.在中间依次铺上牛油果、黄瓜条、三文鱼，撒上芝麻。

5.从靠近自己的一边开始卷，边卷边捏紧，待全部卷起之后再用双手用力捏几下竹卷帘定型。

6.准备一碗凉水，加入白醋，用醋水擦拭刀刃，再将寿司切成小卷。

7.蘸芥末、寿司酱油食用。

03 凤尾虾饭团

进去吧，"煮"妇们

　　有人说家庭主妇大概是世界上最清闲最舒服的工作。但我的亲身体验是，"煮"妇们全年无休，一年 365 天、一天 24 小时忙忙碌碌，周而复始，没有加薪，没有升职，没有镁光灯的照耀，有的只有灰尘和油烟。

　　《逃避虽可耻但有用》里男主在雇佣女主为家庭主妇时，算了这样一笔账，一名全职太太每年为家庭创造的年收入为 304.1 万日元，约合人民币 19.7 万元。你还会觉得家庭主妇是什么都不干的寄生虫吗？

　　她们选择的是一条甘愿隐形的道路，与锅碗瓢盆为伴，被洗洗刷刷左右。繁琐的细碎工作好似一团黏糊糊乱七八糟的散饭，只能用双手把它们捏成厚实的饭团。温软的饭团背后是坚韧的生活态度。

材料

虾仁 8 只，黑胡椒少许，米饭 1 大碗，苹果醋 10 毫升，白砂糖 4 克，盐 2 克，红柿子椒 1/4 个，黄柿子椒 1/4 个，胡萝卜半根，火腿少许，黑芝麻适量

做法

1. 虾仁用少许盐和现磨黑胡椒腌制 30 分钟，放入烧开的水中煮熟，盛出备用。
2. 蒸好的米饭中加入苹果醋、白砂糖、盐搅拌均匀。
3. 将红黄柿子椒、胡萝卜、火腿切丁，加入到米饭中，再撒入黑芝麻搅拌均匀。
4. 在保鲜膜上铺上混合米饭，中间放上煮好的虾仁，然后把保鲜膜包起来露出虾尾，捏紧后拿掉保鲜膜即可。

04 咖喱饭

致咖喱：谢谢你陪我度过漫长岁月

　　步入下厨圈已经五年有余，记得刚出道那会儿住在公司的集体宿舍，每间公寓有一个小小的厨房，从那里开始了我的厨娘之旅。

　　从没做过饭的我把菜谱抄在本子上，按步骤一步一步做。在一片狼藉之后小心翼翼端出来，期待食客的一声好吃。后来拥有了属于自己的厨房，围裙成了我的战袍，刀、铲成了我的乐器，在厨房重地进行食材的拨弦转轴，一如交响乐的指挥引领出五音十二律。

　　每一天、每一月、每一年，将无数食材变幻成菜肴，享受味蕾上的轻歌曼舞，也不断从中汲取经验。

　　咖喱在漫长的成长岁月里总能给我温暖，看着咖喱块在锅中慢慢融化，四方厨房里被芳香馥郁的味道充斥，心也跟着充盈起来。在丝丝不绝的甜中透露着些许辛辣，再配一口饱满莹白的米饭，妙至毫巅。

　　做了许多菜之后才发现，最朴实的材料、最简便的烹饪往往能给人最感动的滋味。

咖喱不仅做法简单，还便于储存。
出锅瞬间，香味四溢，谁能抵挡？

材　料

葱花…………	少许	米饭…………	适量
土豆…………	1个	甜菜根………	半个
胡萝卜………	1根	海苔…………	适量
洋葱…………	1个		
鸡肉…………	适量		
食用油………	2汤匙		
咖喱砖………	45克		

做 法

1. 将土豆切块、胡萝卜切片、洋葱切丝、鸡肉切片。

2. 锅中放油，烧热后加入洋葱、部分葱花和鸡肉，翻炒 2 分钟。

3. 加入土豆和胡萝卜继续翻炒 2 分钟。

4. 加适量水，大火烧开后盖上锅盖，转中小火炖到土豆软烂。

5. 加入咖喱砖，不断搅拌至咖喱溶化，大火收汁，撒葱花装盘。

6. 用保鲜膜裹米饭捏成圆形和椭圆形，分别做兔子脸和耳朵。

7. 米饭中加入几片甜菜根搅拌，将米饭染成粉色。

8. 用海苔剪出眼睛和嘴巴，甜菜根切片剪出耳朵和蝴蝶结。

9. 将饭团放在咖喱上，摆上海苔眼睛、嘴巴、耳朵和蝴蝶结，萌兔咖喱饭就完成了。

05 珐琅铸铁锅煲仔饭

你和大厨，只有一口锅的距离

民以食为天，食以器为先。食器作为美食的载体从古至今都扮演着重要的角色。李白诗云："金樽清酒斗十千，玉盘珍羞直万钱。"有美味的地方必有美器，美食美器共同诠释着独特的厨房美学。

我迷上做饭正是源于对一口珐琅铸铁锅的热爱，一口美锅不仅是烹饪美味的灵感来源，更是亲密的小伙伴。好的食器就是将浑然天成的美感不着痕迹地融入生活，承载一餐又一餐美味温暖的家庭记忆。

食器对一道菜不容忽视的影响力就是所谓的光环效应，无论是粗陶、木质还是玻璃，或复古，或婉约，或清新，都深深影响着人们的饮食感觉。

美食配上美器，才会焕发出别样的诱惑力。

材料

米 2 杯，水 2 杯，腊肉小半条，腊肠 2 根，油菜 1 小把，葱、姜、蒜各少许，蚝油 1 汤匙，酱油 1 汤匙，白砂糖 2 茶匙，水 2 汤匙，油适量

做法

1. 米清洗沥干，倒入 1:1 的水浸泡 1 小时；腊肠腊肉洗净。
2. 在铸铁锅底抹一层油，将浸泡好的白米连水一起倒入。
3. 开中火煮，其间搅拌 2~3 次，水滚后加入腊肉和腊肠，加盖再煮 2 分钟，转小火煮 15~20 分钟，熄火后闷 8 分钟。
4. 用油将葱、姜、蒜爆香，加蚝油、酱油、白砂糖和 2 汤匙水翻炒至微沸，做成浇汁。
5. 饭好后，放上切片的腊肉、腊肠和烫熟的小油菜，浇上汁即可。

06 粉衣寿司卷

"很好吃，谢谢。"

有时会给老公带寿司便当上班，午饭过后手机提示收到他的微信消息，写着："很好吃，谢谢。"美国诗人威廉斯（William Carlos Williams）曾写过一首类似便条的短诗"This is Just to Say"，他吃了妻子放在冰箱里的李子，并给她留了一个字条：

我吃了

放在

冰箱里的

李子

它们

大概是你

留着

早餐吃的

请原谅

它们太可口了

那么甜

又那么凉

夫妻相处的小情调通过简单的三言两语表现得淋漓尽致，一则吃的便条，也是爱的便条。没有任何一种给予是理所当然的，即使是母子之间、夫妻之间，也要道一声"谢谢"。

甜菜根的色泽充分浸入到米饭里，
从外表就能捕获你的味蕾。

材 料

米饭…………… 适量

寿司醋………… 适量

甜菜根………… 1 个

海苔…………… 1 张

胡萝卜条……… 2 条

黄瓜条………… 1 条

鸡蛋条………… 1 条

做 法

1. 制作寿司饭：将蒸好的米饭盛入一
个干净平敞的容器中，再用饭勺均匀地
搅打松散，趁热加入寿司醋，寿司醋和
米饭的比例为 1:10。搅拌均匀后放凉，
将寿司饭均分成 3 份。

2. 将一个小型甜菜根切片。在碗中盛
入第一份寿司饭，加入甜菜根搅拌，直
至米饭被染成粉色，再用筷子挑出甜菜
根片。

3. 平铺一张保鲜膜，将粉色寿司饭在保鲜膜上码平。再铺一层保鲜膜，将米饭按压平整。

4. 撕开上面一层保鲜膜，用心形模具按出粉心并取出。

5. 平铺一张保鲜膜，铺上第二份寿司饭，表面再铺一层保鲜膜，将米饭按压平整。撕开表面保鲜膜，用心形模具按出白心并取出。

6. 将白心嵌入粉色寿司饭中。

7. 在卷帘上铺上一张海苔，铺上嵌有白心的粉色寿司饭，码上胡萝卜条、黄瓜条、鸡蛋条等配菜。从靠近自己的一边开始卷，边卷边捏紧，待全部卷起之后再双手用力捏几下竹帘卷，再撕下保鲜膜即可。

8. 准备一碗凉水，滴几滴白醋，用醋水擦拭刀刃，将寿司切成小卷。

07 鳗鱼饭

人生若只如老友记

我对鳗鱼最初的印象是来自美剧《老友记》。罗斯对空手道一知半解，为了向瑞秋和菲比显摆，生编硬造了一个听起来很玄奥的词叫作 Unagi，来形容临危不惧、处变不惊的忍术神功。Unagi 其实是日语"鳗鱼"的意思，所以笑料百出让人忍俊不禁。于是在我心里，鳗鱼便与罗斯的忍术神功紧紧地捆绑在一起了。

《老友记》其实是一部讲吃的美剧，从 1994 年到 2004 年，《老友记》开播十年，十年的咖啡，十年的火鸡，十年的三明治，十年的千层面，十年的苦辣酸甜，十年的友谊，都拥挤在莫妮卡的小厨房和一间叫"Central Perk"的咖啡馆里。

爱人在对面，好友在身边，人生若只如老友记。

材料

食用油少许，蛋液 50 克，酱油 30 毫升，味啉 30 毫升，白砂糖 5 克，冷冻蒲烧鳗鱼 1 条，米饭适量

做法

1. 在平底锅加油烧热，倒入蛋液，摊成一张鸡蛋饼。
2. 将鸡蛋饼卷起来，切成丝备用。
3. 锅中放少量油烧开，加入酱油、味啉、白砂糖煮至浓稠，制成浇汁。
4. 鳗鱼装进烤盘，烤箱 200℃烤 5 分钟左右。
5. 碗中盛入米饭，铺上鸡蛋丝和鳗鱼，浇上烧汁即可。

08 四喜蒸饺

舌尖上的年味

　　兜兜转转已过而立之年，早已离开故乡去了他乡，心中最浓的年味依旧存在于儿时的记忆里。

　　每到快过年的时候，家里的老人就开始忙活起来，炸丸子、炸带鱼、酱牛肉、肉皮冻……忙得不可开交却又不亦乐乎。

　　奶奶总是记得我们每个人喜欢的口味，把钱币包进饺子里，把年味包进饺子里，也把新年的好寓意包进饺子里。

　　我心中的年味是如期而至的大雪、冬日里盛放的水仙、一张张大红福字、窗外此起彼伏的鞭炮声、灶台上呲呲作响的油花和笼屉中袅袅蒸腾的水汽。

　　这浓得化不开的年味在我离家之后，成了我日夜牵挂的味道，那陪伴我长大的家味。

　　说起来十分汗颜，身为一个美食博主，却没给长辈做过什么大餐，仿佛只要一回家就开启了另一个开关。无论在外面多么独立，在父母面前，总是孩子般沉浸在宠溺里。

　　暗暗做了个决定，这个春节一定亲手给长辈做一桌年夜饭。

不同颜色的馅料，看得见的美味！

材 料

中筋面粉……	150 克	十三香……	1/2 茶匙
热水………	75 毫升	香油………	1 茶匙
猪肉………	100 克	胡萝卜……	半根
生抽……	1/2 汤匙	鸡蛋………	1 个
盐………	1/2 茶匙	青椒………	1 个
葱………	半根	木耳………	5 朵
姜………	1 片	食用油………	少许

做 法

1. 和面团：往中筋面粉里边倒热水边搅拌，和成烫面团，盖上湿布醒发 30 分钟。

2. 调肉馅：猪肉剁碎，加入生抽、盐、葱姜末、十三香、香油拌匀。

3. 鸡蛋打散成蛋液，在平底锅中均匀刷上一层油，烧热后倒入蛋液。转小火，迅速晃动锅子，将鸡蛋摊成一张鸡蛋饼。

4. 胡萝卜切末；鸡蛋饼切末；青椒切末；木耳泡发切末。

5. 面团均分成八份，擀成圆形饺子皮。

6. 饺子中间包入肉馅，先后将上下、左右两边捏在一起。再将四个口撑大，露出肉馅。四口依次放入不同颜色的馅料。

7. 每只饺子下面贴一片胡萝卜，放入蒸笼里，水烧开后蒸 12 分钟即可。

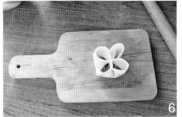

09 红豆包

一切美好，都值得盛情款待

电影《澄沙之味》中有一段熬制红豆沙的过程，日出之前老人便开始了劳作，仔细筛选出红豆并浸泡数个小时，慢慢地等待，轻轻地搅拌，细细聆听红豆的低语，想象着红豆所经历的雨天和晴天。用感恩、快乐、满足的心情熬出的红豆沙，香滑软绵，每一口都惊艳。

老人对红豆沙的盛情款待真是稀少又珍贵。看完这部电影，我才想要亲手拾一把红豆，熬一碗红豆沙。

生活中一切美好的事物，无论是阳光、雨露、拂面的风、温柔的雨，还是一颗红豆，亦或一碗米饭，都要心怀敬意，都值得被盛情款待。因为可以生活在明媚的世间本身就是种幸福了。

材料

中筋面粉250克，酵母4克，牛奶150毫升，白砂糖20克，盐3克，红豆2杯，食用油少许

做法

1. 红豆提前浸泡一晚，煮至软烂，滤掉水。
2. 锅中热油，倒入红豆，加适量糖，炒至变干，制成红豆沙。
3. 将面粉、酵母、牛奶、糖、盐混合，揉成表面光滑的面团，盖保鲜膜醒发1小时左右至2倍大，取出排气，均分八份。
4. 取一份擀圆，包入红豆沙，上下两端往中间捏，左右两边也往中间捏，封口并将收口向下，稍微擀扁。
5. 小饼盖上保鲜膜再次醒发30分钟至1.5倍大。
6. 锅中倒油，码入小饼，盖锅盖，用中小火煎6~8分钟。
7. 打开锅盖，翻面再煎4~5分钟即可。

10 荷叶饼

生活有烟火气才有幸福感

　　刚刚结婚那会我和老公工作都比较忙，再加上北京的交通状况不好，回到家总是天色已晚，通常三餐都不在家吃。

　　妈妈跟我说要常常开火才好，有烟火气才有家的味道，有烟火气才有归宿感。于是我每晚回到家会准备一些面食，第二天早上稍微加热就可以当作早餐，这样每天至少有一餐可以在家里吃。

　　一盆散散的面粉，加了水，经过双手的揉捏变出白白软软的面团，架上蒸笼，不一会儿就被升腾的锅气迷了眼。

　　女作家三毛说："爱情，如果不落实到穿衣、吃饭、数钱、睡觉这些实实在在的生活里去，是不容易长久的。"以前总觉得沾染了柴米油盐的爱情不够浪漫，可少了锅碗瓢盆撞击的生活，没有炊烟和炒锅的洗礼，又哪来的烟火气？

　　无论窗外是寒风凛冽还是白雪皑皑，蒸一锅热气腾腾的荷叶饼，蒸汽中升腾的除了香气，还有幸福感。

用这热腾腾、白白胖胖的饼皮来夹肉，好吃又解腻。

材 料

中筋面粉……… 200 克

酵母……………… 2 克

白砂糖………… 5 克

盐…………… 2.5 克

温水……… 100 毫升

橄榄油……… 5 毫升

食用油………… 适量

做 法

1. 将在酵母和白砂糖放入搅拌盆，用适量温水化开。

2. 静置 5 分钟后加入中筋面粉、盐、橄榄油，混合均匀，揉成表面光滑的面团。

3. 将面团移至内壁抹了橄榄油的容器中，盖上保鲜膜于温暖处发酵 45 ~ 60 分钟至两倍大。

4. 将面团排气，均分成六份，每份都揉圆，再将面团擀成椭圆形面皮。

5. 在面皮上刷上一层食用油。

6. 将面团从中间对折，里面可以夹上一张烘焙纸防止粘连。 用干净的梳子在表面压出五条荷叶纹路。

7. 表面盖上保鲜膜进行二次醒发，约 30 分钟。

8. 凉水上锅，蒸 15 分钟左右。

9. 蒸好后用来夹小炒肉、粉蒸肉、烤鸭等皆可。

11 红豆馅窝窝头

粗粮的逆袭

每个时代，餐桌上流行的食物各不相同，如同时尚界的流行规律一般，讲究时代性。

粗粮吃起来口感通常要比细粮差一些，过去人们竭力地去粗求精，从玉米面吃到白面，从糙米吃到精米。而现在的餐桌上，吃惯了大鱼大肉、精米细面的人们又开始以美食的名义怀旧，想念起粗粮来，开启了新一轮的餐桌时尚。除了忆苦思甜，那些天天吃山珍海味的人们也把吃粗粮当成一种返璞归真的享受。

"五谷为养，五果为助，五畜为益，五菜为充。"杂粮于我，吃起来比白米饭白面条更有滋有味。他们虽然朴实无华，登不了大雅之堂，但经过些许改良，会与其他食材勾兑出意想不到的美味。

材料

玉米粉 180 克，中筋面粉 80 克，白砂糖 40 克，牛奶 130 毫升，酵母 2 克，红豆沙 1 杯

做法

1. 将玉米粉、中筋面粉、白砂糖、酵母、牛奶混合均匀，揉成表面光滑的面团。
2. 将面团盖上保鲜膜，于温暖处发酵 1 小时。
3. 将面团搓成长条，分 12 等份。
4. 取一份揉圆擀扁，包入红豆沙。
5. 上下两端往中间捏，左右两边也往中间捏，封口并将收口向下，包成团捏成圆锥形，包好后再次醒发 30 分钟。
6. 将窝窝头放入蒸锅，大火蒸 15 分钟即可。

12 菠菜鸡肉卷

要将食物做成可爱的样子

菠菜在我心里大概是卡通人物大力水手的代名词，每当危难时刻，他总会神气地掏出菠菜罐头，瞬间变超人男友力量爆棚，轻松搞定坏人抱得美人归。最普通的家常菠菜成了灵丹妙药。曾经很长一段时间，我不吃蔬菜时，母亲都会搬出大力水手来当救兵。

春天采摘的菠菜新鲜翠绿，焯过水之后，打成汁。面糊也好，面团也罢，有了菠菜汁的参与，就会变得格外耀眼。我们喜欢装在梅森杯里的饮料，喜欢默数 100 下打发的鸡蛋，喜欢切得细细的土豆丝来醋溜，而乱炖时又喜欢把土豆切成滚刀块……

所以，把食物做成可爱的样子吧，为什么不呢？

食物本来就是要让人快乐的东西啊。

材 料

菠菜 1 把，水适量，鸡蛋 1 个，盐 2.5 克，中筋面粉 150 克，食用油适量，鸡胸肉适量，味增酱 1 汤匙，奶油奶酪适量，生菜适量

做 法

1. 菠菜洗净焯水，放入打碎机中，加适量水打碎。

2. 鸡蛋加盐拌匀，筛入中筋面粉，搅拌成流动状的面糊。

3. 平底锅抹一层油，开最小火，倒入一汤匙面糊，晃动锅子摊成圆饼，待面糊凝固后翻面，稍煎一会儿出锅。

4. 鸡胸肉切条，加入味增酱拌匀。

5. 锅中放适量油，放入鸡胸肉，将两面煎熟。

6. 在菠菜饼上抹一层奶油奶酪，再加入生菜和煎鸡胸肉。

7. 将菠菜饼卷起来即可食用。

把日子烘焙成甜蜜时光——

与下午茶的邂逅

一团面团经过双手、烤箱竟会神奇地改头换面，焕发出别样的风采。在调和、发酵、烤制中，又能感受到甜蜜的烘焙时光。闻着满屋散发出的烘焙香味，看着各类甜点新鲜出炉时的轻盈柔润，听着家人享用美味时满足的呢喃，个人的小幸福在美食间飞舞。本章为您精选了十几道不同的烘焙食品，让您充分感受到烘焙烘烤的不一样的时光。

01 斑马纹吐司三明治

用野性医治无聊

　　春天来了，又到了万物复苏的季节……同样也到了新款上市的季节。前几天看到 Yeezy Boost 新出了斑马纹配色，心头一动。动物纹标榜着大自然最纯真的活力，从来都是野性的代表，无论是经典的豹纹、抽象的斑马纹、妩媚的蟒蛇纹还是斑斑点点的鸵鸟纹，都自带撩人属性。

　　跳动的动物纹既然能解救包包、衣服的单调，同样也能解救餐桌的单调。

　　可可粉的加入，让原本单调的吐司变得活泼起来，简单几步即可制造出充满野性与活力的斑马条纹。似乎只要这日的餐桌上摆上一份斑马纹吐司，这一天就如同节日一般变得立体多彩。

　　中规中矩的生活久了，确实需要一丝野性来医治陈年的无聊。来一口斑马纹吐司三明治，这一年的时尚就这样被你一口咬定了！

可可粉和牛奶的芬芳总让人欣喜。
吐司模尺寸 11 厘米 ×11 厘米 ×20
厘米。

材 料

主材料：

高筋面粉…… 375 克

白砂糖………30 克

盐……… 1/2 茶匙

酵母……… 1 茶匙

牛奶……… 250 克

软化黄油……… 25 克

深色面团：

可可粉……… 2 茶匙

牛奶……… 1/2 汤匙

三明治馅料：

胡萝卜……… 1 根

鸡蛋……… 1 个

生菜………… 若干

做 法

制作面团：

1. 在和面机中加入除黄油以外的主材料，搅拌至面团表面光滑。

2. 加入黄油继续搅拌至扩展阶段。所谓扩展阶段是指面筋已经扩展到一定程度，面团表面光滑，可以拉出膜，但易破且边缘不光滑。

3. 将面团均分成两份。其中一份面团放在温暖湿润处盖保鲜膜醒发 1 小时左右至两倍大，取出后排气。另外一份加入可可粉和牛奶，揉成可可面团后进行醒发，排气。

4. 将两种面团都均分成六小份，醒发 15 分钟。

5. 取一小块面团，用擀面杖擀成薄厚不一的长条。

6. 所有面团按此方法擀长，双色交错叠加。

7. 将叠加的面团放入吐司模中，醒发至模具的九分满，盖上盖子。

8. 烤箱提前预热，用190℃烤40分钟。

9. 烤好后将吐司取出，稍微凉凉后切片。

制作馅料：

10. 煎一个鸡蛋，胡萝卜切丝，生菜洗净备用。

组合：

11. 保鲜膜上铺上一片吐司，依次铺上胡萝卜丝、煎鸡蛋、生菜，再盖上一片吐司，压紧，用保鲜膜包起来。

12. 用刀从中间切开即可食用。

02 编织草莓派

亲爱的，你做饭的时候好温柔

　　之前的工作性质让我一直是风风火火，路见不平披荆斩棘，那一日我正在编织着草莓派的辫子，旁边家属来了一句："亲爱的，你做这个的时候好温柔。"吓得我虎躯一震，定定神看看操作台上红艳艳的草莓，又看看手中编织到一半的麻花辫，好像家属是在说我，好像刚刚我不是在做草莓派，而是给一个软软萌萌的小女孩扎头发，这一幕好像在哪里见过。

　　我有一个闺蜜，怀孕时成天嚷嚷着喜欢男孩，结果天赐了一个超级乖巧可爱的女儿，小女孩最爱的便是拥有《长发公主》里乐佩的长头发，还有《冰雪奇缘》里艾莎女王的长辫子。为了满足小女儿的心愿，曾经五大三粗的她会细细地把女儿的碎发捋起，像对待艺术品一般编出麻花，一气呵成，内心如释重负又怡然自得，小女儿也雀跃欢呼地腻在妈妈怀里说"妈妈真棒"。

　　我把我难得的柔情编织进了草莓派，要不您也尝试一把温柔。

这是一道能给你温暖的草莓派。
派盘 9 英寸，直径大概 23 厘米。

材 料

派皮材料：
中筋面粉…… 350 克
白砂糖……… 25 克
盐………… 5 克
无盐黄油…… 250 克
冰水……… 40 毫升
鸡蛋液……… 适量
草莓馅儿材料：
草莓……… 若干
肉桂粉……… 5 克
盐………… 1 克
白砂糖……… 30 克

做 法

派皮做法：

1. 将 5 克盐、25 克白砂糖以及 2/3 的面粉放入搅拌机中，搅拌至混合均匀。

2. 加入切成小块的黄油，持续搅拌至抱团且看不到面粉。

3. 加入余下 1/3 的面粉，稍稍搅拌。

4. 用橡皮刮刀将面团移至揉面盆中，洒上冰水，用刮刀搅拌成团。

5. 将面团均分为两份并揉成圆饼，裹上

保鲜膜冷藏至少 2 小时。

6. 取出面团，在操作台上撒散粉，分别擀成圆薄饼，其中一份铺在烤盘上按实，擀掉多余的面团。另外一份切成宽窄不一的长条，可编成辫子。

草莓馅儿做法：

7. 将草莓、白砂糖、肉桂粉、盐放入碗中，搅拌均匀，静置 15 分钟。

8. 在派盘中用勺子码入草莓馅儿，留下碗中多余的汁液。

组装和烘焙：

9. 将切成条的面团在派盘上编成网。去掉多余的面团，用叉子头压印。

10. 涂一层鸡蛋液在面团表面，再放上派盘。

11. 烤箱提前预热 210℃，先烤 25 分钟，调至 190℃再烤 30 分钟即可。

03 巧克力橙子蛋糕

承受也是一种修行

生活从来就不是一帆风顺的，考试失利，事业不顺，感情破裂，生老病死……渐渐地，意气风发的少年早已被磨得没了棱角。

当生活不能给你想要的，我们该如何释怀？

有人说，人生就像巧克力，入口好甜，细细品味，甜中又掺杂了<u>丝丝苦意</u>。

但最棒的体验不就是这样吗？不是一味的甜蜜，而是苦甜参半，两种味道不断叠加、相互交织，个中滋味蕴藏无穷。

英文里有个词"bittersweet"大概就是描述了这种似苦非甜的状态，人生的滋味亦如这般吧。有阳光的地方就会有阴影，但若没有这些阴影，又如何能知道我们正站在阳光里。

用一款巧克力橙子蛋糕，向略带苦涩的人生致敬。接受不那么完美的现实，然后大口吃掉它，承受也是一种修行。

橙子的清新酸甜，配巧克力的甘醇微苦，别有一番韵味。

材 料

黑巧克力……100 克   橙子片………… 若干
奶油…………70 克   黄油………… 适量
鸡蛋………… 2 个   水…………20 毫升
白砂糖………65 克
低筋面粉………35 克
可可粉………… 5 克
橙子朗姆酒…… 5 克

做　法

1. 隔水熔化黑巧克力和奶油，搅拌均匀。

2. 用手动打蛋器将鸡蛋和 40 克白砂糖打散至液体发白。

3. 将蛋液倒入装有巧克力和奶油的碗中，搅拌均匀，筛入低筋面粉和可可粉，加入橙子朗姆酒，搅拌成均匀的面糊。

4. 烤箱提前预热至 180℃。

5. 在磅蛋糕模具内壁抹上一层黄油，将面糊倒入模具中，先用 180℃烤 5 分钟，待表面稍微凝固后取出。

6. 码上橙子片，再烤 25 分钟。用牙签插入蛋糕中央，拔出后没有面糊黏着在上面即烤好了。

7. 取 20 毫升水和 25 克白砂糖中大火加热至黏稠，做成糖浆。

8. 在蛋糕表面涂上一层糖浆，凉凉即可。

04 兔子饼干

钟敲四下，享受慢生活

我们总是习惯了追赶，追赶巴士和地铁，追赶熙熙攘攘的人群，追赶白驹过隙般的时间。

现代人的生活中充斥了爆炸式的信息、快餐式的阅读、回不完的邮件、跳不完的槽和换不完的大房子。快节奏模糊了平常日子中很多的美好细节，而生活的姿态本应优雅从容。

英国有句谚语："钟敲四下，一切为下午茶停下。"可见英国人对下午茶的重视程度。

对于我们来讲，繁忙的工作中只需腾出十分钟，准备几块提前烤好的饼干，泡上一杯红茶。暂时放空脑袋卸下疲惫，在袅袅茶香中给自己找一个放松的出口，让原来枯燥紧绷的工作有一个释放的空间，还有什么比这个更惬意的吗？

人生已如此艰难，不妨偶尔做一次《疯狂动物城》中的树懒先生，放慢速度，找到平衡，给自己放一个假。

方方正正、小巧可爱，
小朋友大朋友都喜欢的小白兔。

材 料

低筋面粉…… 150 克

糖粉………… 40 克

无盐黄油…… 100 克

蛋黄液………… 30

抹茶粉………… 5 克

黑芝麻………… 60 粒

做 法

1. 黄油切成小块，在室温下软化，用打蛋器搅打至顺滑。

2. 加入糖粉，用打蛋器低速搅打至糖粉和黄油完全混合；再调高速继续打发 5 分钟至黄油体积稍大，颜色稍浅。

3. 加入蛋黄液，筛入低筋面粉，用橡皮刮刀搅拌成均匀的面团。

4. 将面团均分两份。其中一份面团加入抹茶粉揉匀。另一份原味面团再分出两个 18 克的面团做兔子耳朵。

5. 抹茶面团擀成大约 17 厘米 × 17 厘米的正方形。三个原味面团都分别擀成 17 厘米长的长条。中间的原味面团是兔子的脸，纵切面是椭圆的；两边的原味面团是兔子的耳朵。

6. 将所有面团放入冰箱冷冻 20 分钟。

7. 面团冻好后，将抹茶面团切出三个 1 厘米 × 17 厘米的长条，叠在兔子头上；在抹茶面团两边黏上兔子耳朵。再切两个 1 厘米 × 17 厘米的抹茶长条，贴在兔子耳朵两侧。

8. 将剩下的抹茶面团包裹在最外层，用烘焙纸压实，冷冻 20 分钟。

9. 冻硬后切成 5 毫米薄片；用黑芝麻贴上眼睛和嘴巴。

10. 烤箱提前预热 170℃，烤 15 分钟，7 分钟后盖上锡纸；烘烤完成后取出凉凉即可。

05 猕猴桃饼干

抓住稍纵即逝的美好

浮光绿影，一见钟情，再见倾心。

在我餐桌上，抹茶的出镜率一直居高不下。爱它的微苦清香，自带幸福的味道。

抹茶美好却很不经用，打开一罐翠绿的抹茶，总是有深深的紧迫感，仿佛有一个声音一直在催促我，快点用掉，快点用掉，不然过一阵子娇嫩的颜色就被氧化变暗了。

美好的事物总是稍纵即逝。

樱花花期短暂，据说一朵樱花从开放到凋谢大约为 7 天，整棵樱花树从开花到全谢也大约只有 16 天。开时绚烂无比，凋败时一夜之间飘零散落，宛如一场幻境。

短暂的芳华总叫人神伤，女诗人席慕蓉在她的诗中曾写过："在长长的一生里，为什么欢乐总是乍现就凋落，走得最急的都是最美的时光。"那么这稍纵即逝的美好，这沁人心脾的翠绿，请一定要好好抓牢。

时光恰好，不如吃茶。

带你品尝不一样的猕猴桃。
不仅色彩鲜艳，咬起来还脆脆的！

材 料

低筋面粉……170 克
糖粉…………40 克
无盐黄油……120 克
生蛋黄………1 个
抹茶粉………10 克
黑芝麻………适量

做 法

1. 把黄油切成小块，在室温下软化，软化到可以用手轻松戳进去。软化的黄油用打蛋器搅打至顺滑。

2. 加入糖粉，用打蛋器低速搅打，直至糖粉和黄油完全混合。之后调到高速继续打发 5 分钟至黄油体积稍大，颜色稍浅。

3. 加入蛋黄搅打均匀。

4. 筛入低筋面粉，用橡皮刮刀把面粉和

黄油搅拌均匀成团。

5.将面团分成两份，其中一份为 50 克的原味面团，另一份是由抹茶粉混合而成的抹茶面团。

6. 原味面团擀成 20 厘米圆柱长条。抹茶面团擀成 20 厘米长方形。

7. 将原味面团放在抹茶面团上。抹茶面团紧紧包裹住原味面团。

8. 面团用油纸压实，放入冰箱冷冻 20 分钟。

9. 冷冻后切 5 毫米厚薄片。

10. 在白绿交界处贴上黑色芝麻。

11. 烤箱提前预热，170℃烤 15 分钟，烤到 7 分钟时盖上锡纸防止过度上色。

12. 刚出炉很软易碎，晾架上凉凉后即可食用。

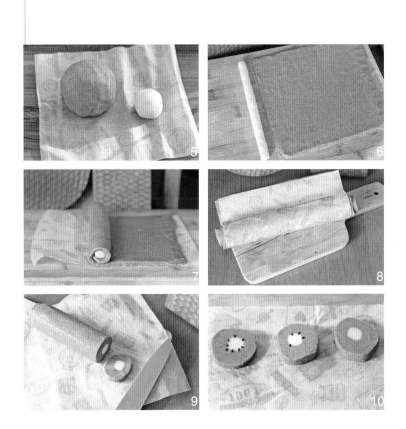

06 红豆卷

派对动物的福音

梁实秋曾在他的《请客》中谈到，若要一天不得安，请客；若要一年不得安，盖房；若要一辈子不得安，娶姨太太。自家宴客的麻烦可见一斑，大概是离不开冗繁的准备工作和狼狈的善后整理。每每萌发开派对的心思，一想到厨房里手忙脚乱的场面，不禁又打了退堂鼓。

在餐厅酒楼请客，方便，却也少了些诚意和乐趣。如果在家聚餐整一大桌太麻烦，那不妨做些特色小食，配上香槟、气泡酒、鸡尾酒或是苏打水，减少了煎炒烹炸的繁琐，却不失其乐融融的和美气氛。吃起来不伤仪态，视觉上让人食指大动，堪称派对动物的福音。

你的厨房是否很久没有开张了？呼朋唤友的心情就从这道外酥里糯的红豆卷开始吧。

材料

红豆200克，食用油少许，糖适量，春卷皮若干，蛋黄液50克

做法

1. 红豆提前一晚浸泡，在电饭煲中煮至软烂，过滤掉汤。
2. 炒锅中加入少许油，将红豆移至炒锅中翻炒，加适量糖，炒至变干、搅动费劲为止。
3. 将红豆馅排在春卷皮的一边，皮上刷蛋黄液，卷起来。
4. 外皮刷蛋黄液和食用油。
5. 烤箱预热190℃，烤12分钟至表面金黄即可。

07 醉梨塔

失恋食谱

如果说世界上最幸福的事是恋爱，那么最痛苦的就是失恋。但失恋似乎是人生的必修课，鲜少有人可以逃掉。失恋的时候心里像是被凿穿了一个洞，这时，最适合用食物来填满内心的空虚。

甜食，是这世界上最善意的美意。它让我们的大脑分泌更多的苯多胺，一种让人感到幸福的物质，给人心灵的安慰。

如果让我选一道治愈失恋的甜点，那非"醉梨塔"莫属。红酒包裹着梨，和香料一起，慢慢煮沸，慢慢浸入梨中，满屋弥漫着混合的醉人香气，光是闻着就已经令人陶醉。红酒浸染过的梨呈现出红玛瑙般晶莹剔透的质感，口感软糯细腻，酒香和梨香相得益彰，配合得天衣无缝，回味悠长。

厨房是个拥抱并治愈忧伤的地方，做饭吃饭，恐怕是最直接的安慰。当血液涌向胃里，何不在薄醉中短暂地放空大脑？将无法宣泄的情感都托付给食物吧。

红酒包裹着的梨，白里透红，有种醉人的心意缠绵心间。

材 料

醉梨材料：

干红…………750 毫升

白砂糖…………60 克

柠檬屑…………适量

柠檬汁……125 毫升

肉桂棒…………1 根

八角……………1 个

梨………………4 个

派皮材料：

中筋面粉……180 克

白砂糖…………15 克

盐………………5 克

无盐黄油……120 克

冰水…………10 毫升

鸡蛋……………1 个

甘纳许酱材料：

淡奶油…………50 克

黑巧克力………50 克

做 法

制作红酒醉梨：

1. 将梨削皮。

2. 在炖锅中加入红酒、60 克白砂糖、适量柠檬屑、柠檬汁、肉桂棒、八角。

3. 用大火煮开后转中火，浸入梨，每 5 分钟翻一次面，煮 15 ~ 20 分钟后关火。

4. 盛出梨，放凉至室温。入冰箱冷藏 2 小时以上，最好过夜。

5. 取出后，对半切去核再切片。

制作派皮：

6. 在搅拌机中加入 5 克盐、15 克白砂糖、2/3 的面粉，搅拌几下至混合均匀。

7. 加入切成小块的黄油，持续搅拌至抱团并且看不到面粉；再加入余下 1/3 的面粉，短按搅拌键 8~10 下。

8. 用橡皮刮刀将面团移至揉面盆中，洒上冰水，用刮刀搅拌成团。

9. 将面团揉成圆饼，裹上保鲜膜，放进冰箱冷藏 2 小时以上。

10. 冷藏结束后将派皮取出，擀成圆薄饼，铺在烤盘上按实整形，用叉子叉孔。

11. 鸡蛋打散成蛋液，刷在面皮表面。

12. 烤箱提前预热 190℃，以 190℃烤 20 分钟左右至表面金黄。

制作甘纳许酱：

13. 将黑巧克力切碎，放在一个耐热容器中。

14. 淡奶油放入小锅中，小火加热至微沸，立刻离火倒入巧克力容器中，可以稍微转动确保所有巧克力豆都被覆盖，静置 5 分钟后，用蛋抽以从中间画圈的方式搅拌，直至黏稠，甘纳许酱就做好了。

组装：

15. 在烤好的派皮上抹上一层甘纳许酱，码上梨片，冰箱冷藏 1 小时即可。

08 华夫饼

方格子里的青春

华夫饼上的格子图案自带与生俱来的学院风，仿佛披上格子就能拥有不老的青春。把发酵好的金黄饼胚放在一凹一凸的格子模具上，火烤间发出滋滋啦啦的响声，再打开就是上了色的有迷人格子纹理的华夫饼了。

焦脆的质感，让人看一眼便不能自拔。入口之后，外焦里嫩香味浓郁。我常常抵挡不住它的诱惑，边做边吃，做一炉吃一炉，还没等上桌就所剩无几。

华夫饼也是很多咖啡厅的主打下午茶，可以佐以各色水果、冰激凌、打发奶油、巧克力酱、果酱、枫糖。光是端上眼前就被这美色收了魂魄，长肉的痛苦在这时也早已被抛之脑后。

戒不掉的甜蜜，胃和心房总有空间为它腾出。

材料

高筋面粉 200 克，白砂糖 45 克，蜂蜜 10 克，鸡蛋 50 克，牛奶 40 毫升，酵母 3 克，黄油 60 克，食用油少许

做法

1. 把除了黄油、食用油以外的所有材料混合均匀，揉成面团后加入黄油继续揉。
2. 将面团揉至扩展阶段，盖一层保鲜膜，放在温暖处发酵 1 小时至两倍大。
3. 将面团分成 50 克的小面团，揉圆，再次发酵 30 分钟。
4. 模具上稍微刷一点食用油，将小面团放在模具中央，合上盖子，每面小火加热 2 分钟左右即可。

09　苹果餐包

当以美食寄乡思

天气转冷，旱季将至，总会让人分外慵懒，窗外原本叽叽喳喳的虫鸣鸟叫也渐渐变少。

在这样冷清午后收到了母上大人的短消息，原来是新上市的红富士苹果的图片，"你肯定爱吃，又脆又甜。"她说。

心头立刻涌起酸酸甜甜的滋味，母亲的爱原来竟然这么像苹果的味道，既甜蜜在心，又夹杂着丝丝酸楚。于是立刻起身去买苹果，似乎这样就可以离母亲更近一点。

切一个苹果，只以最简单的白砂糖调味，加点黑加仑点缀，然后包进面团里，看她们在烤箱中逐渐融为一体，空气里溢满了酸酸甜甜的香气，周身都觉得温暖，渐渐到达味蕾与思乡的燃点。

真想留住这一份苹果香气，就像真想永远依偎在母亲身边。不知道怎么才能表达出这样一份的眷恋时候，大概就只能用一份苹果餐包来排遣了……

苹果餐包柔软香甜，值得承包你所有的早餐。

材 料

面团材料：

高筋面粉…… 200 克

白砂糖……… 20 克

盐……………… 3 克

酵母……………… 3 克

黄油……………… 20 克

牛奶… 130~140 毫升

内馅材料：

苹果……………… 1 个

黄油………… 1 小块

白砂糖………… 适量

柠檬汁………… 少许

黑加仑………… 少许

其他材料：

扁桃仁片……… 若干

蛋液………… 少许

做 法

制作面团：

1. 将除黄油外的所有面团材料放入和面机中搅拌均匀，揉成光滑面团。

2. 加入黄油揉至扩展阶段。扩展阶段是指面筋已经扩展到一定程度，面团表面光滑，可以拉出膜，但易破且边缘不光滑。

3. 盖上一层保鲜膜，放在温暖处发酵 1 小时左右至 2.5 倍大。

4. 取出排气，均分成 6~8 个面团，并揉圆擀扁。

准备馅料：

5. 苹果去皮切丁，与黄油一起放入锅中，翻炒片刻后加入白砂糖调味。

6. 加入柠檬汁和黑加仑，炒至苹果变软。

7. 馅料炒好后盛出，放凉后包入面皮。

8. 面团从四周向中间捏合，收口向下，放入玛芬模中。

9. 盖上一层保鲜膜，于温暖处发酵 40 分钟至 1.5 倍大。

10. 发酵好后刷上蛋液，在中间插入丁香或者苹果杆，贴上一片扁桃仁片。

11. 烤箱提前预热 160℃，烤 20 分钟至表面金黄即可。

10 彩虹 pizza

遇上彩虹，吃定彩虹

在加德满都谷地以外的山上游玩，雨过天晴，一抬头，看到了久违的彩虹。我们一行人都很兴奋，拿出手机相机猛按快门，让镜头定格最美丽的瞬间。

久居城市中的人们有多久没有见过一道彩虹了？有多久没有停下脚步欣赏一草一木、日月星辰了？

见到彩虹的喜悦一直陪伴我到晚上，回到家便迫不及待地揉了面，捣鼓五彩缤纷的配菜，将彩虹般的心情融进披萨里。

近些年来在网络上出现了"彩虹族"。他们倡导过彩虹般的生活，在工作和生活、健康和压力、快速发展的社会和个人内心之间，寻找最佳的平衡点，找回在成长过程中丢失的初心，遇见那心之所向的彩虹。

材料

中筋面粉 200 克，白砂糖 25 克，盐 2 克，鸡蛋 1 个，酵母 3 克，温水 65 毫升，pizza 酱适量，马苏里拉芝士适量，洋葱半个，青椒半个，黄柿子椒半个，红柿子椒半个，紫甘蓝叶 2 片，橄榄若干

做法

1. 将面粉、白砂糖、盐、鸡蛋、酵母、温水放入和面机中，揉成光滑的面团。盖上保鲜膜，室温发酵 1 小时至两倍大。
2. 将各蔬菜洗净切丝或切丁备用。
3. 面团取出，排气，揉成团擀成饼，或圆或方。
4. 饼皮上一次铺上 pizza 酱、马苏里拉芝士、各色蔬菜。
5. 烤箱提前预热 230℃，烤 15 分钟即可。

11 熊猫吐司

主妇的囤食强迫症

"断舍离"是近年来很火的一个概念，人人都竞相追逐。

所谓"断舍离"即断绝不需要的东西，舍弃多余的废物，脱离对物品的迷恋。然而实情是，必需品的范围真的很难定义，家徒四壁空空荡荡的境界虽然时尚，我却不以为然。

家中的橱柜里常备一瓶瓶自制果酱、柚子茶、糖醋蒜、腌洋葱、各类零食、泡面，看到它们都神采奕奕地列队于橱柜之中，甚是安心满足。若是断货，便惶恐不安危机感四伏。

如果说强迫性囤食是一种病，那我一定病入膏肓。

做菜的时候有食材急着用，家里没有了，一边懊恼怎么不提前囤好，一边只能匆匆忙忙去超市买。这种狼狈的窘境恐怕是很多家庭主妇经历过的。看着满满当当的冰箱和食品柜我才能安心，半夜饿了下一碗青菜鸡蛋泡面不是最美妙的人生乐事吗？

有时中午吃饱了饭，可到下午四点钟肚子就开始咕咕叫，这时我总会淡定地拿出家里常备的自制吐司，抹一层蓝莓酱，再冲一杯咖啡，完美下午茶不过如此。

品味小熊猫躺在绿竹林的悠闲。

吐司模尺寸 9 厘米 ×9 厘米 × 19 厘米。

材 料

高筋面粉…… 300 克

白砂糖………… 30 克

牛奶……… 160 毫升

鸡蛋………… 1 个

盐………… 4.5 克

无盐黄油…… 18 克

酵母………… 4 克

抹茶………… 5 克

可可粉………… 5 克

做 法

1. 将牛奶和鸡蛋混合，制成牛奶蛋液。

2. 将高筋面粉、白砂糖、牛奶蛋液、酵母混合，揉到扩展阶段，再加入黄油和盐揉至完全阶段，能拉出薄膜即可。

3. 将面团分成 3 份。一份为 70 克，加入 5 克可可粉揉成可可面团；再取剩余面团的 45%，作为原味面团；最后剩下的面团，加入 5 克抹茶粉揉成抹茶面团。

4. 三种面团盖上保鲜膜，在温暖湿润处

发酵 1 小时至两倍大，取出排气后分别揉圆。

5. 可可面团均分成四份，揉成长条，分别作两只眼睛和两个耳朵。

6. 将 1/2 的原味面团揉成椭圆柱形。将两条可可面团贴在原味面团上面分别作两只眼睛。取大约 1/4 的原味面团搓成长方体，填在两条可可面团之间。

7. 将余下的原味面团擀成长方形面皮，盖在做法 6 上。将剩余的两条可可面团贴在顶部做熊猫的耳朵。取 1/4 多一点的抹茶面团搓成长方体填充在顶部的两条可可面团之间。

8. 将余下的抹茶面团擀成长方形，像包寿司卷一样包在最外面，封口藏在下面。

9. 将最终的面团放在长方体吐司烤模正中，盖上保鲜膜进行最后醒发，醒发 40 分钟。

10. 烤箱提前预热 200℃，烤 25 ~ 30 分钟。烤好后，立即取出脱模。

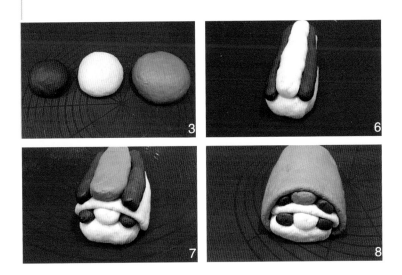

12 红丝绒松饼

甜点界的名流

　　法国绝代艳后玛丽·安托瓦内特的世界里充满了奢侈，层层叠叠的裙，缀满花朵的纤巧高跟鞋，高耸摇曳的秀发，缤纷的水晶杯……此外，她还是一个奢靡挑剔的甜点迷，其中最得她青睐的甜点就是红丝绒蛋糕。

　　红丝绒大概是甜点中最热烈最燃情的表达，至今仍然以其贵族的血统和夺目的女王气质堪称甜点界的名流，常常一亮相便艳压全场。

　　如果说红丝绒蛋糕是气场爆棚的高冷女王，那红丝绒松饼就是可爱动人的邻家妹妹，都那么令人着迷。

　　我想，每天叫醒下午瞌睡的便是这燃烧着幸福之火的红丝绒松饼吧！

材料　甜菜根40克，牛奶200毫升，鸡蛋110克，融化黄油50克，低筋面粉240克，白砂糖40克，盐少许，泡打粉5克

做法
1. 将甜菜根、牛奶、鸡蛋、融化黄油在打碎机中搅拌均匀。
2. 筛入低筋面粉、白砂糖、盐、泡打粉，并混合成光滑面糊，静置15分钟。
3. 不粘平底锅开最小火，不加油，用汤匙舀一勺面糊，朝一个点垂直落下，自然形成一摊圆形面糊。
4. 待表面凝固起好多泡泡时，迅速翻面，稍煎即可。

13 果酱夹心饼干

七情六欲中，食欲最凶残

我们凡夫俗子，不过是吃五谷杂粮的血肉之躯，七情六欲在所难免，"吃"则是其中的重中之重了。

加西亚·马尔克斯在穷困潦倒的日子里，用一副鸡骨头来煮汤，煮好了再把鸡骨取出挂在窗口风干，下一次再继续煮，反复烹煮早已食之无味。如精神食粮一般支撑着他度过难熬日子的是什么？当然是吃的欲望。

甜品在所有食物中是最具杀伤力和吸引力的，双层芝士蛋糕，提拉米苏，果酱夹心饼干……我往往在吃与不吃的纠结之后乖乖投降。

这时，我就用古希腊哲学家伊壁鸠鲁的名言安慰自己："口腹的欢愉是一切美善之始，哪怕是智慧与文化的根源也在这里。"

材 料

黄油 120 克，糖粉 50 克，鸡蛋液 40 克，低筋面粉 220 克，果酱适量

做 法

1. 黄油切小块，室温软化，用打蛋器搅打至顺滑。
2. 加入糖粉，搅打至与黄油完全混合，再继续打发 5 分钟。分 3 次加入打散的鸡蛋，每次都要彻底搅打均匀。
3. 筛入低筋面粉，用橡皮刮刀把面粉和黄油拌均成团。
4. 将面团擀至 6 毫米厚，冷藏 30 分钟。
5. 用模具压花型，一块中间压空，另一块保持完整花型，两块搭配做夹心饼干。
6. 烤箱预热 150℃，烤 15 ~ 20 分钟。放凉后在中间镂空处加入果酱即可。

14 肉桂花环面包

冬季肉桂正当时

食物是自带季节属性的。

四季食谱皆不同，春天的野菜，夏天的思慕雪，秋天的板栗，如果要选一种食材代表冬日，那肉桂是我心中的不二之选。

在寒冷的冬日食用，极具芬芳的暖意。怪不得在整个寒冬漫长的北欧地区，肉桂卷都是最受欢迎的食物。国外的餐桌上常常用肉桂来做甜点和饮料，无论是苹果派、热红酒还是姜奶茶，都少不了它的身影。

我喜欢在阳光稀薄的冬日做一个肉桂花环面包，花环代表生命，圆形的花环没有开端也没有尽头，象征着宇宙万物的生生不息，撒满肉桂糖粉的面团上铺上多彩干果，香气袭人，口感浓郁，把幸福甜蜜卷进花环里，没有终止。

漫长寒冬，让肉桂来暖。

香浓的肉桂、松软的面包、鲜红的草莓让人垂涎欲滴。

材料

面团材料:

酵母………… 5 茶匙

白砂糖……… 1 汤匙

温牛奶……… 1/2 杯

黄油………… 1/8 杯

生蛋黄……… 1 个

中筋面粉……… 2 杯

盐………… 1/2 茶匙

内馅材料:

室温无盐黄油 1/8 杯

黄砂糖……… 2 汤匙

肉桂粉……… 2 茶匙

其他材料:

蛋液………… 少许

糖粉………… 适量

杏仁片……… 适量

草莓片……… 适量

蓝莓………… 适量

做 法

1. 将酵母和白砂糖混合,倒入温牛奶,静置 10 分钟待酵母水产生泡沫。

2. 将黄油和蛋黄液混合均匀,筛入面粉和盐,将面团揉至扩展阶段。

3. 盖上保鲜膜,置于温暖湿润处醒发 1 小时至两倍大。

4. 操作台上撒一层面粉,将面团排气后揉圆擀成 1 厘米厚方形薄饼。

5. 黄油软化,与黄砂糖和肉桂粉混合搅

拌成酱，均匀地抹在饼皮上。

6. 从一边慢慢卷起来，卷成长条捏好封口，

7. 沿着接缝处纵向用刀从中间切成两半。

8. 将两条交叉缠绕并绕城一个环。

9. 将两头接合在一起捏紧。

10. 将面包生坯转移到烤盘上，表面刷上抹剩下的黄油、肉桂粉酱和蛋液，再次发酵30分钟。

11. 烤箱提前预热，200℃先烤15分钟，之后降到175℃再烤10分钟，以表面金黄为准。

12. 冷却后，表面可用杏仁片、草莓片和蓝莓装饰，筛上糖粉食用。

餐后来一份才算 Ending——

幸福好汤 & 果饮

　　有时就很感慨大自然神奇的四季变化，冷热交替，周而复始。不同的四季培育了不同的食果蔬菜，这也仿佛是大自然的一种馈赠，让生活在地球上的物种，顺应季节来饮食。人类更是早就参透了这个规律，天冷时，煲一锅热汤，喝一杯热乎乎的奶茶，蒸腾的热气顿时温润了所有的心。天热时，榨一杯新鲜凉爽的果汁，吃一口自制的酸奶，清凉浸透内心。本章为您精选不同的好汤与果饮，让您充分享受到喝出来的美味。

01 胡萝卜浓汤

一箪食，一瓢饮

古往今来，饮和食通常是同步出现的，即使是颜回这样安贫乐道的高士，生活要求调至最简洁的地步，也还得"一箪食，一瓢饮"的饮食相连。

无论是多么豪华的盛宴，有菜无汤总觉彷徨。

当胡萝卜将自己的颜色慢慢融入到汤中，与土豆洋葱一起不停地翻滚时，幸福便在心中荡漾开来。

一碗汤而已，却能给我们在冬日的寒冷中，在疲惫的一天后给人最温柔的安慰。当我们端起碗，一勺进肚唇齿留香，暖意在胃中升腾，仿佛被注入了满满活力，忘记凡尘的一切不堪和烦恼。

汤足饭饱才感觉心满意足，嘴角都是自然上扬的。

材料

胡萝卜 300 克，洋葱 1 个，土豆 1 个，橄榄油 2 汤匙，姜末少许，鲜奶油 4 汤匙，水 1000 毫升，盐适量，黑胡椒适量，欧芹少许

做法

1. 将胡萝卜、洋葱和去皮的土豆切大丁，备用。
2. 在锅中加入橄榄油，烧热后加入姜末翻炒，再加入洋葱、胡萝卜、土豆翻炒 2 分钟，加水，用中火煮至材料软烂。
3. 将煮好的蔬菜倒入打碎机中打成泥，加入鲜奶油，搅拌均匀，再加盐、黑胡椒调味。
4. 盛出，表面可以用欧芹叶装饰。

02 甜菜根浓汤

山中不知岁月长

在国内，去一趟菜市场，就可以买到所有想要的，懒了动动手指，新鲜食材就送到家门口了。但尼泊尔瓜果蔬菜的匮乏，为了买某一样食材，得从南到北跑遍加德满都的大街小巷。

虽然如此，我却爱极了这里的静谧和悠闲。阳光穿过古老的建筑，洒在红砖铺成的路面上，吃早餐的恋人，晒太阳的老人，聊天的好友，睡懒觉的流浪狗，这里仿佛被凝固了时光。

这样的风景是尼泊尔的常态，生活虽然并不富裕，但人们脸上却看不出一丝急躁，眼里只有平静。

我愿在这静得只能听见呼吸的日子，守一方土，修一寸心。

材料

甜菜根 140 克，洋葱 1 个，土豆 1 个，芹菜 1 根，橄榄油 2 汤匙，蒜 2 瓣，水 1.5 杯，鲜奶油 350 毫升，盐适量，黑胡椒适量，莳萝少许

做法

1. 将甜菜根、洋葱、土豆切大丁，芹菜切段，蒜压末，备用。
2. 在锅中加入橄榄油烧热，加入蒜末炒香，再加入甜菜根、洋葱、土豆、芹菜翻炒 2 分钟，加水中火煮至材料软烂。
3. 将煮好的蔬菜倒入打碎机中打成泥，加入鲜奶油，搅拌均匀，再加盐、黑胡椒调味。
4. 将汤盛出，表面用奶油和莳萝装饰即可。

03 豌豆浓汤

集市里的人间百态

　　不管是出差还是出游，在国内还是国外，我最喜欢逛的不是著名景点，而是当地的最市井、最接地气、最有生活气息的地方——集市。

　　从集市可以窥见一个城市的食物文化和人间百态。耳目鼻间充斥着熙熙攘攘的声音、眼花缭乱的色彩、五花八门的气味，不管买不买菜，跑去那里转一圈，邂逅未曾相识的瓜果菜蔬，沐浴世俗烟火气，生活的压力也会被眼前的生机盎然消解掉。

　　集市宛如被打翻了的调色盘：茄子、秋葵、芸豆、西红柿、卷心菜……流进我的眼睛，也流进我的心里。

　　就现在！抓一把豌豆回家，熬一碗浓汤。

材料　豌豆2杯，小土豆1个，洋葱半个，蒜2瓣，橄榄油2汤匙，水250毫升，牛奶200毫升，黑胡椒适量，盐适量，奶油少许

做法　1. 将土豆切片，洋葱切丝，蒜压末，备用。

2. 在锅中加橄榄油烧热，加入蒜末和洋葱炒香，再加入豌豆和土豆翻炒2分钟，加水中火煮至材料变软。可挑出部分材料最后装饰用。

3. 将煮好的蔬菜倒入打碎机中打成泥，加入牛奶，搅拌均匀，加盐、黑胡椒调味。

4. 盛出后，淋上奶油和预留材料点缀即可。

04 奶油蘑菇汤

生活不乏"小确幸"

奶油蘑菇汤往往作为配角存在于菜单中，它独有的浓稠咸鲜并不会抢走主菜的风头，却总在需要时及时出现，成为一种微小而确实的幸福。

就像春日樱花树下飘落在爱人肩头的花瓣，夏日吹入房中那股清爽的风，秋日公园中脚下松软的落叶，冬日雨后照入房中的那缕暖阳。困倦时盖在身上的薄毯，吃饭时送到自己碗中的菜，在身后帮忙系上围裙的双手，过马路时揽在腰际沉稳的臂膀。

正是这些随时可见，却又容易流失在指尖的事物，构成了生活中的"小确幸"。它们总是在恰当的时候出现，给人安全感，有着熨帖人心的力量。

若有心，每个人的生活都不乏小确幸。

材料

口蘑300克，洋葱一个，蒜4瓣，橄榄油2汤匙，水1.5杯，鲜奶油4汤匙，黑胡椒适量，盐适量，莳萝少许

做法

1. 将口蘑切薄片、洋葱切丝，蒜切片，备用。
2. 锅中放橄榄油烧热，加入蒜片、洋葱炒香，再加入口蘑翻炒至变黄变软，加水小火煮15分钟。
3. 将煮好的蔬菜倒入打碎机中打成泥，加入鲜奶油，搅拌均匀，加盐、黑胡椒调味。
4. 盛出，表面用刚刚挑出的口蘑和莳萝点缀。

05 西瓜 pizza

追忆似水年华

　　西瓜总是占据着记忆中所有清爽的部分。

　　记忆深处，是西瓜陪我们度过了小时候顽皮的时光，风扇下，饭桌旁。不只是因为西瓜的清爽刺激了人们的兴致，还因为它是闲聊时的消遣，总之有西瓜的记忆就是那些畅快聊天的美好回忆。

　　在我早已不再享受暑假时光的多年以后，我愈发感念这种清爽。

　　平日里能够回忆起的那些时光，多是带着些绚烂的高光，少了些拿着勺子捧着西瓜的清爽。

　　感谢有这些水果，让我还记得单纯的美好。

　　感谢有这些水果，能让未来也不担心没有畅谈的美好时光。

材料　西瓜适量，猕猴桃适量，芒果适量，李子适量，石榴适量，蔓越莓适量，奶酪适量

做法　西瓜横切一大片，均分成六份，摆上各色水果、干果、奶酪等。

06 西瓜盅

来一盅这样的夏天

如果世上有一个宗教是西瓜教，那我一定第一个入教。我是一个极馋西瓜的人，天气稍稍变热，我便迫不及待地买来吃，也因此练就了一身挑瓜本领。选一个皮色翠绿的，轻拍辨音识瓜："咚咚咚"是过生，"噗噗噗"是过熟，"嘭嘭嘭"是刚刚好，掌握了这个要领后，我鲜有失手。刀尖刚触碰瓜皮，只听"咔嚓"一声，西瓜就裂开了，红红的西瓜汁顺着刀柄流了下来。

吃西瓜最受不得落单，一个人吃瓜总是少了些乐趣，略吃几口便觉兴致寡淡，西瓜要大家围坐一起抢着吃才倍感甘甜。狼吞虎咽的吃虽大快人心，但也略不文雅。何不用雕花刀做一盅夏天，邀上三两好友，开启仲夏夜鲜果派对。

材料　西瓜1个，猕猴桃1个，火龙果1个，圣女果适量，哈密瓜适量，蓝莓20颗

做法

1. 将西瓜一切两半，每半用水果挖球器挖出西瓜球备用。
2. 用挖球器挖一些其他果球（哈密瓜、火龙果等）。
3. 猕猴桃削皮并切去两端，用雕花刀在中间雕波纹，一分两半。
4. 将各种果球重新装入西瓜盅内，再放蓝莓和圣女果装饰。

07 缤纷水果串

写给水果们的信

亲爱的橙子：爱你沁人心脾的清香，希望你努力进化到像橘子一样容易剥皮，这样心急的我就更容易吃你了，加油！

亲爱的西瓜：爱你的甘甜多汁，希望你努力把中间的籽儿给进化掉。这样我吃起来就更方便了，加油！

亲爱的猕猴桃：爱你绿莹莹的果肉，可是你难以捉摸的成熟期总是叫我黯然神伤，希望我下次去水果摊能挑到熟透的你。

亲爱的芒果：你是我的灵魂伴侣，希望你努力把中间的核进化掉，一丝都不要被浪费地全部进肚里！

亲爱的火龙果：你已经很完美了，再便宜点就更好了，拜托了！

致所有的你们：如果有人把你们变成串，送到我嘴边，那就再好不过了！

材料　橙子适量，西瓜适量，猕猴桃适量，芒果适量，火龙果适量

做法　1. 将各种水果切成小块依次穿在竹签上。
2. 可以蘸巧克力酱吃。

08 印度奶茶 Masala Chai

微笑国度的国民饮料

早餐，开启一天的味蕾。

老北京的标配早餐从豆汁儿 + 焦圈开始，重庆的早餐从一碗香气扑鼻的小面开始，广州的早餐从一份晶莹剔透的肠粉开始。而在喜马拉雅山的另一边，尼泊尔人的一天一定是从一杯 Masala Chai 开始的。

尼泊尔是与我国西藏接壤的南亚小国，佛祖释迦牟尼的诞生地。它是徒步天堂，是微笑国度，是摄影师眼中的人文片圣地。

在这生活的两年里，Masala 的异域香气无时无刻不在挑战着我的味蕾。

无论是墙边街角、阡陌田埂、闹市小巷、广场神庙、政府学校无不都有它的踪迹，它的地位相当于一切非酒精饮料在中国受欢迎程度的总和。

Masala Chai，是一种由混合香料和水牛奶调制、原本为宫廷药用的饮料，除了尼泊尔，在印度、不丹、巴基斯坦乃至于伊朗中东的广大地区皆俯仰可见。

Masala Chai 早已成为一种文化，一种生活方式。一杯下肚，浓郁醇香在唇齿间绽放，闲适美好的一天正式拉开序幕。

一款好的奶茶，总让人情不自禁回味它的余香。

材 料

水…………… 250 毫升
小豆蔻………… 4 粒
肉桂棒………… 1 根
生姜…………… 1 片
白砂糖………… 2 茶匙
红茶…………… 3 茶匙
牛奶…………… 6 汤匙

做 法

1. 用杵将小豆蔻捣碎，去掉外壳。

2. 切一片生姜。

3. 在小锅中加入 250 毫升水，加入小豆蔻粉末、肉桂棒、生姜和白砂糖煮沸。

4. 等到水煮沸后再加入红茶，煮 2~3 分钟。

5. 加入牛奶煮沸后转小火煮再煮 2 分钟。

6. 将煮好的奶茶离火过滤到杯中饮用。

09 芒果分层布丁

这，便是爱情吧！

在食材中，总有一些倔脾气的，不管煎炒，还是炖煮，都要保留自己的个性。遇到这样的"小顽童"，我就头疼，后来想想也无可厚非，毕竟每个人都有这样的倔脾气。

年轻时，我们都以为自己就是世界的中心，所有的光亮都是为了照亮我而存在，地球也是围着我转的。长大后才会明白，自己对世界没那么重要，每个人都只是在各自的轨道里行走着。

而有一天，忽然遇到一个人，接触到另一个世界。那个世界缤纷多彩，让我们不禁踏出自己的轨道，踏入这条不知通向何方的道路，将我们的人生融入到有这个人的新的世界里。

这，便是爱情吧！

材料

中型芒果2只，吉利丁粉8克，纯净水少许，牛奶1杯，鲜奶油1杯，白砂糖30克，香草精3滴，装饰果粒适量

做法

1. 将4克吉利丁粉和纯净水混合均匀，隔水加热。
2. 取芒果肉打成汁，倒入做法1的吉利丁液搅拌均匀。
3. 将杯子斜放在玛芬模具中，倒入芒果吉利丁液，冷藏2小时以上至凝固。
4. 将牛奶、剩余吉利丁粉、白砂糖混合，加热，倒入鲜奶油中，迅速搅拌；离火滴入香草精。
5. 取出芒果层已凝固的杯子，倒入香草布丁液，冷藏2小时至凝固；再撒上果粒装饰即可。

10 芒果花谷物酸奶

食物性别论

老公认为红枣、乌鸡、燕窝等是女性的专属食物，所以从来不碰。

咦？难道食物也分阴阳性？

想来人们会不自觉地对食物划分性别。就像人们普遍地认为肉代表权利和力量，具有浓重的男性色彩，而水果和蔬菜则跟女性相关。

在多国语言中，名词大多具有阴阳属性，少数语言中，名词甚至具有中性，与之搭配的动词、形容词、冠词等也要进行相应的变化。在我看来，芒果是属于女性的，果身的弧度如女性曼妙的曲线，浓郁的香气将舌尖上的末梢神经缓缓打开，令人陶醉。

于是为食物划分性别，成了我日常生活的新乐趣。

材 料　芒果1个，酸奶若干，即食麦片若干

做 法
1. 将芒果削皮，沿果核入刀，直切下来。
2. 将芒果切片，越薄越好，把芒果一片一片地围起来，做成芒果花。
3. 杯中依次放入酸奶、麦片、芒果花即可。

11 火龙果思慕雪

生活的万能公式

　　与闺蜜闲聊，她说羡慕我的主妇生活闲适，我却羡慕她朝五晚九的忙碌。人大抵都是这样，只顾着艳羡别人的小幸运，却常忽略其中的酸涩与艰辛。

　　一边想着，一边瞧着手里这一碗思慕雪。都说这思慕雪是万能公式，最初她只是没时间星人的救星，是水果蔬菜奶品配料随意的混合。后来随着 Ins 达人的精心搭配，配色、摆盘和味道而大放异彩。

　　火龙果的香甜、牛肉果的醇滑、草莓的酸甜、芒果的浓香……复杂的滋味只要用心去调配，就会变得好喝。

　　这是一碗简单上手的思慕雪，也是一道生活的万能公式：只要用心，再复杂酸涩都能变成曼妙的滋味。

材 料　红心火龙果 1 个，酸奶适量，牛油果适量，芒果适量，草莓适量，芝麻适量，椰子脆片适量

做 法
1. 火龙果提前一晚在冰箱冷冻室冷冻。
2. 第二天取出与酸奶用打碎机打成奶昔。
3. 上面放上水果和芝麻、椰子脆片装饰即可。

12 牛油果思慕雪

闲暇定终身

Ins 上有一位日本主妇，每天坚持分享各式各样的思慕雪和做法，成为全球网友心中的思慕雪女王。另一位 Ins 博主 Michael Zee 坚持每天给自己和爱人做完美的对称早餐，也出了书，拥有近百万粉丝。

我身边也有一位每天都坚持做一件小事的人，十年来他每天都跑步10公里，风雨无阻，雷打不动。这人就是我老公，甚至出差旅行他也从未落下，我常常无法理解这份执着，他却说："跑了才懂。"我呢，从未坚持过某一件事：信誓旦旦地写了读书计划，翻了几本又抛之脑后；买了水彩和画笔，画了几幅又束之高阁；买了钢琴，弹会了几个曲子之后亢奋劲儿也随之烟消云散。

坚持不易，但放弃只要一秒。

胡适先生说过："一个人的前程往往全靠他怎样用他闲暇时间。闲暇定终身。"你的时间用在哪里，就会成为什么样的人。现在开始行动，还来得及。

材料 牛油果 1 个，牛奶或酸奶适量，草莓适量，橙子适量，蓝莓干适量

做法 1. 将牛油果和牛奶或者酸奶混合，用打碎机打成奶昔。
2. 上面放上各种水果和干果装饰。

13 分层思慕雪

鱼和熊掌可兼得

孟子云，鱼和熊掌不可兼得。两全其美的事往往可遇而不可求，比如想读书又想玩电动，比如想当明星又怕被窥探隐私，再比如想要苗条身材又难敌口腹之欲。诚然，戒不掉的甜蜜和减不掉的脂肪往往是成对出现的。然而有一样食物却打破了这个规律，那就是健康又美味的——思慕雪。

有的妹子喜欢抱着夏日特饮凉白开窝在沙发追剧，有的喜欢对着夜色举一瓶精酿啤酒高谈阔论，有的喜欢摇曳一盏红酒妩媚动人，我偏爱一杯高颜值又简单营养的思慕雪。

闲暇时做一杯流淌着少女心的思慕雪，让美貌、美味、瘦身、营养都成为可能。

材 料

底层材料：牛奶 1 杯，奇亚籽 3 汤匙，香草精 1/4 茶匙，枫糖浆 1/2 汤匙

上层材料：冷冻香蕉 1 根，冷冻草莓 2 杯，牛奶 1/2 杯

其他材料：猕猴桃 2 片，装饰草莓 2 个

做 法

1. 将底层材料混合，搅拌均匀，静置 30 分钟以上，最好冷藏过夜。

2. 将猕猴桃片切成心形，贴在杯壁上，这样做是保证杯子干燥，猕猴桃片可以切薄一些。

3. 将上层材料用打碎机搅拌均匀。

4. 将上下层分别倒入杯中，最上面可放草莓装饰。

14 分层冰拿铁

咖啡界的鄙视链

　　意式浓缩咖啡是大部分咖啡饮料的基底，但因味道实在太苦，我每次都会加奶。给苦咖啡注入一缕奶香，在流动的黑与白之间游走，何乐而不为呢？

　　我的朋友是个美式咖啡的狂热拥护者，所谓美式就是意式浓缩加了水，她常常鄙视我咖啡加奶的行为。咖啡界的鄙视链可见一斑，大约是手冲鄙视意式浓缩鄙视美式鄙视拿铁等花式咖啡。

　　钱钟书先生在《围城》里说，在大学里面，理科生看不起文科生，外文系的学生看不起中文系的学生，中文系的学生看不起哲学系的学生……

　　人生海海，管别人怎么鄙视？选自己喜欢的比什么都重要。

材料　　冰块 3~4 块，冰牛奶 180 毫升，意式浓咖啡 60 毫升（double shot）

做法

1. 用意式浓缩咖啡机做一杯 double shot 意式浓缩咖啡。
2. 在杯中先加入冰块，再加入冰牛奶。
3. 将一只勺子背面向上抵住杯壁，将咖啡沿着勺背缓慢倒入。

15 荔枝 Mojito

有人说，能醉人的甜蜜都是危险的

初恋一直是一个特别有魔力的定义，在情窦初开的年纪里，少男少女们在自己的世界里编制出一个足够感动世界的梦境，像是系在心里的蝴蝶结，美丽而脆弱，越想绑紧些，就越容易失去。

有人说传统的 Mojito 像初恋，有着淡淡的青涩、淡淡的甜蜜，就像隐藏在薄荷直爽味道里的朗姆令人难以防备，在脑中不停盘旋。

可有人说 Mojito 固然应该甜蜜些，让人们可以在甜蜜中忘记醉人的后劲，可以在甜蜜中忘记青涩的困窘。

又有人说能醉人的甜蜜都是危险的。那就让我们活得更危险些吧，让我们在甜蜜中肆意沉沦，在我们还能保有甜蜜的年纪里沉醉。

材料

青柠檬 1 个，细砂糖 1 汤匙，薄荷叶 15 片，碎冰块 1/2 杯，荔枝力娇酒 3 汤匙，朗姆酒 2 汤匙，苏打水 4 汤匙，荔枝肉 2 个

做法

1. 将 1 个青柠切成 8 瓣。
2. 在杯中加入细砂糖，倒入 4 瓣青柠，再加入薄荷叶，用杵研磨碾压至薄荷叶出汁，释放薄荷叶和青柠的香气。
3. 加入冰块，倒入荔枝力娇酒、朗姆酒和苏打水。
4. 稍微搅拌一下，再加入荔枝肉。
5. 放上薄荷叶尖点缀，可在杯口插一瓣青柠做装饰。

跟着美食去环游世界——

异域风情料理

不同的地域有不同的地理环境，也孕育了不同的人文风情。美食则是人文风情中必不可少的一部分，韩式的浪漫，日式的料理，泰式中海的风情……各不相同。本章则为您精选了韩国、日本、南亚、东南亚一些地区的美食风味，以及我国不同地域的特产。让您在品味美食的同时，了解到不同地域的风情，跟着美食去环游世界。

01 手鞠迷你寿司

可以用眼睛品尝的料理

　　手鞠是日本的传统儿童玩具，是用五颜六色的丝线缠绕起来的小球，象征着吉祥如意，有圆圆满满之意。因为专属于女孩子，所以手鞠的外形非常小巧精美，而以此为灵感制成的球状寿司就称为手鞠寿司 (Temari Sushi)，翻译过来就是圆圆的球形寿司。外形非常可爱讨喜，是可以一口吃掉的萌派担当。

　　日本的电影中经常有对食物的特写，讲究料理造型和器具选择，看似随意而为，实则是食物造型师精心搭配而成。日本人对料理呈现的重视度可见一斑。

　　很多人说日本料理是用眼睛品尝的美食，日本料理以清淡为主，不提倡加入过多的调料，但对菜肴的视觉展示有很高的要求。

　　从精心的造型到别具匠心的色彩搭配，再到可以升级食物质感的食器，讲求一形一色一碟一器的和谐统一，处处透露着诗意美。

　　日本料理不仅满足口腹之欲，更传达着料理人的美学观念和对食物的敬意。

手鞠寿司体积小，颜值高，
非常适合可爱的小女生食用。

材料

米饭…………… 2 杯
寿司醋………45 毫升
胡萝卜………… 半根
黑芝麻………… 少许
黄瓜…………… 1 根
鸡蛋…………… 1 个
芥末…………… 少许
盐……………… 少许
食用油………… 少许
韭菜叶………… 1 根

做法

制作寿司饭：

1. 在蒸好的米饭中趁热加入寿司醋拌
匀，放凉备用。寿司醋的重量约占米饭
的 1/10，例如 1 千克米饭加 100 毫升寿
司醋，700 克米饭加 70 毫升寿司醋。寿
司醋可以用米醋、白砂糖、盐调制，三
者比例为 5:2:1。

制作米饭球：

2. 把 1/3 杯的米饭放在保鲜膜上，转动

攒成直径4厘米左右的小球，盖上保鲜膜备用。剩下的米饭用同样的方法做成两个米饭球。

3. 将胡萝卜擦成丝，取保鲜膜，放上胡萝卜丝，放一点芥末。

4. 摞上刚做好的米饭球，然后拧紧保鲜膜捏成小球，去掉保鲜膜，在米饭球表面撒上黑芝麻。

5. 将黄瓜削成长薄片，另取保鲜膜，将黄瓜薄片交叉排开，中间放一点芥末。

6. 摞上刚做好的米饭球，然后拧紧保鲜膜捏成小球，拿掉保鲜膜即可。

7. 将鸡蛋打成蛋液加一点盐，在平底锅中刷一层油，锅热后倒入蛋液摊成圆蛋饼。

8. 在蛋饼中间放入米饭球，包起来用焯过水的韭菜叶打结。（可以做迷你寿司的其他配料还有生鱼片、鱼子酱、甜菜根片、樱桃萝卜片、鸡蛋丝、海苔丝、水煮虾、牛油果片等，做法同上。）

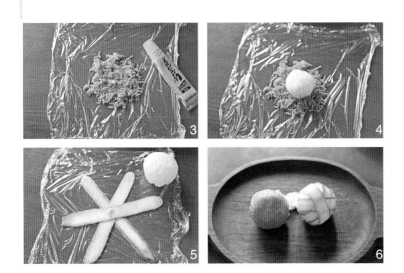

02 炒乌冬

吃货的地域攻守战

俗话说一方水土养一方人，中国幅员辽阔，各地口味差异很大：

汤圆该咸还是该甜？

粽子包枣还是包肉？

豆腐脑放糖还是放卤？

月饼五仁馅儿还是鲜肉馅儿？

番茄炒蛋加糖还是加盐？

古往今来，南北的咸甜之争剑拔弩张从未停歇。江湖传言用这个问题可以测试出是南方人还是北方人。

放在日本，这个问题就会变成，你爱吃乌冬面还是荞麦面？

关西乌冬派和关东荞麦派之间的割据战也由来已久。荞麦面和乌冬面可以说是势均力敌、相互角逐的两大面食美味。

吃货们在食物的选择上真是既偏执又可爱。

硬币有正面也有反面，事情有积极面也有消极面，人生有 A 面也有 B 面，美食有乌冬面也有荞麦面，无论你是南派还是北党，关东人还是关西人，我想总有适合你的那一款。

制作简单、口感颇佳的炒乌冬，
带给你家的味道。

材 料

乌冬面………	2 人份	生抽………	2 汤匙
小葱…………	4 根	盐…………	少许
卷心菜叶……	4 片	黑胡椒………	少许
胡萝卜………	1 根	木鱼花………	少许
洋葱…………	1 个	食用油………	少许
香菇…………	4 朵		
鸡肉…………	适量		

做　法

1. 在锅中倒入水，水开后加入乌冬面，继续煮一两分钟。

2. 用漏勺捞出乌冬面，用清水冲洗一下，冲掉表面的淀粉，沥干备用。

3. 将小葱切葱花（留一部分最后装饰用）。

4. 将卷心菜叶、胡萝卜、洋葱、香菇切丝。将鸡肉切片。

5. 在锅中倒入油，烧热后先加入鸡肉翻炒。鸡肉快熟时加入洋葱炒至透明变软。加入剩余蔬菜，炒到蔬菜变蔫。

6. 加入乌冬面，将蔬菜和乌冬面混合均匀。

7. 加入生抽和盐调味，磨入黑胡椒，翻炒均匀。装盘，表面撒木鱼花和葱花，开动吧。

03 茶碗蒸

神圣的揭盖仪式

　　茶碗蒸在日本名气很响，是日本料理中女人和孩子最喜欢吃的菜肴之一。茶碗蒸表面平滑如镜，嫩如凝脂，晃晃悠悠，吹弹可破。其实茶碗蒸的做法与中国的鸡蛋羹十分相似，不难想象，它也是发源于中国，只是加了些日本风味后，独自开枝散叶了。

　　小时候，物质极其匮乏，最大的幸福就是吃一碗鸡蛋羹。直到现在我心里一直念着的还是揭开笼盖时蛋羹上扬起的氤氲热气。对那些盘踞在灶台的热气，莫名有种神圣的感觉，每次揭盖都感觉是在完成一种仪式。

　　无论是饭前祷告，还是一声"我开动了"，这种敬畏食物的仪式，一直在代代相传。

　　而我们，也正将这种仪式发扬光大。

材料

高汤或水 1 杯，鸡蛋 3 个，虾仁 2 个，鱼丸 2 个，胡萝卜 2 片，豌豆少许，日式酱油 1/2 茶匙，味啉 1 茶匙，盐 1/4 茶匙，欧芹叶 2 片

做法

1. 烧一锅开水，将鱼丸和豌豆焯至断生。捞出后将鱼丸切片，将胡萝卜片刻花备用。

2. 在碗中将鸡蛋、酱油、味啉、盐混合打散，分次倒入高汤或者水，搅打均匀；再将其过筛，装入茶碗中，封口。

3. 大火烧开后入蒸锅，转中小火蒸 10 分钟。

4. 当蛋液基本凝固，放上虾仁、鱼丸、胡萝卜片、豌豆和欧芹叶再蒸 2~3 分钟；最后淋上酱油即可。

04 荞麦凉面

草根代言人

　　如今大热的日式荞麦面其实最早是从中国传出的。

　　我的家属是土生土长的西安人，总听他讲从小吃的一种面食叫荞面饸饹，一般在街边摊上售卖，人家用一支长杆压一个装有荞麦面团的小窟窿罐子，面条就像扭动纤细腰肢的舞女落入沸水蒸腾的锅子里去，很是热闹。也常听我婆婆念叨，荞麦面虽然不如白面金贵，口感偏粗糙，味道略寡淡，但绝对是好东西，富贵生百病，恬淡一身轻。

　　日本作家栗良平曾写过一部小说《一碗清汤荞麦面》，讲的是困境中的母子三人在一碗荞麦面的精神鼓舞下，挺过艰难的日子迎来曙光。

　　这个故事曾入选我国的语文课本，略有改动，更名为《一碗阳春面》。

　　无论是荞麦面还是阳春面，都有着浓浓的草根气息，朴素亲民，也代表着那些默默无闻、没有光环的普通小人物，渺小却不平凡。

炎热的夏天，做一碗荞麦凉面，吃一口，清爽怡人。

材料

荞麦面……… 2人份
秋葵………… 8根
金针菇……… 适量
白芝麻……… 少许
日式酱油…… 4汤匙
味啉………… 4汤匙
日式清酒…… 2汤匙
高汤或清水…… 适量

做　法

煮面：

1. 锅中注水煮沸，下荞麦面煮 5 分钟。

2. 煮熟后把面捞出放入凉水中，然后沥干装盘。

3. 将秋葵和金针菇洗净后分别焯熟，捞出放入凉水中，然后沥干。

4. 将秋葵切小段，金针菇去尾，码在荞麦面上。

制作酱汁：

5. 在小碗中加入日式酱油、味啉、日式清酒，再加入高汤或者清水，制成酱汁。

6. 把酱汁轻轻倒入碗中，表面撒上白芝麻即可。

05 泰式炒河粉

那晶莹剔透的真心

在我的印象中，泰国是一个晶莹剔透的国家。绵长的海岸线让大海成为泰国人重要的伙伴，在这里"水"不仅作为一个基本的生活元素，更深刻影响着泰国人的精神脉络。从这个层面上讲，河粉应该是最具代表性的食物之一了。

人们将大米磨成粉，经过水的调和变成米浆，在竹匾上薄薄地摊了一层再蒸，凉凉后，薄白透亮、摇曳生姿的整张粉皮便诞生了。整个制作过程中，自始至终使用的原材料就只有米和水，通过控制水和米的比例达到完美的状态，简约却不简单。切条加入配料烹饪，丰俭由人，韧而爽滑，口感极好。

泰式炒河粉是泰国最有名的平价美食，无论是街边小摊还是高级餐厅，都能找到这个"国民美食"的身影。

吃着晶莹剔透的河粉，也感受到了手艺人在制作时的真心。愿看到这些真心的人，都能真心相待。

河粉、青柠、鲜虾，简单搭配就能成
就一份平价国民美食。

材 料

河粉…………	100 克	蒜…………	4 瓣
虾仁…………	6 只	花生………	1 汤匙
鸡蛋…………	1 个	植物油………	4 汤匙
豆腐干………	少许	水…………	3 汤匙
韭菜…………	少许	pad thai 酱 …	4 汤匙
豆芽…………	少许		
洋葱…………	半个		

做 法

1. 将河粉在水中泡软。将豆腐干、洋葱、蒜切丁。将韭菜切段，花生捣碎。

2. 在锅中加入油，烧热后加入蒜和洋葱炒出香味。

3. 加入米粉和水翻炒，再加入pad thai酱。加入虾仁和豆腐干翻炒。

4. 将所有材料移到锅的一边，加一点油，打入一个鸡蛋，不断翻炒成碎。

5. 加入韭菜、豆芽和花生碎，稍微翻炒即可，混合均匀。

6. 食用时可以用辣椒粉、柠檬和糖调味。

06 西班牙海鲜饭

味蕾上的弗拉民戈舞

西班牙是个热情奔放的民族，他的气质不仅体现了在了弗拉民戈舞上，也体现在了颇具地中海特色的美食上。

一层金灿灿的米饭上铺着琳琅满目的海鲜，颗颗米粒尽收汤汁和藏红花的美味。不同层次的香气和浓烈的色彩对比不断地给人味觉与视觉的刺激。粗犷与细腻，奔放与温柔，相互交织在舌尖旋转舞蹈，在入口的一瞬间，点燃了食客的千头万绪，将无尽热情摄入人心。

材料

橄榄油2汤匙，蒜4瓣，洋葱半个，西班牙腊肠半根，中型番茄2个，红柿子椒半个，短粒米200克，烟熏红椒粉1茶匙，白葡萄酒50毫升，鸡或鱼高汤650毫升，豌豆一小把，藏红花12~16根，盐适量，黑胡椒适量，青口12只，扇贝丁小半碗，鲜虾8只，欧芹碎适量，黄柠檬1个

做法

1. 蒜压蒜蓉，洋葱、番茄、红柿子椒切丁，腊肠切片备用，海鲜洗净，虾切背剃虾线。
2. 热锅入油，将虾子双面煎至八分熟后取出；洋葱丁、蒜末爆香，加入腊肠、番茄丁和红柿子椒丁中火炒5分钟。
3. 加入生米和烟熏红椒粉拌炒，再倒入白葡萄酒继续翻炒，待酒精挥发后，倒入高汤，均匀加入豌豆、藏红花、盐和黑胡椒，先中火煮至滚泡，然后转小火煮20分钟。
4. 待米粒吸饱汤汁，插入青口、扇贝丁，加盖小火焖10分钟，中途可以稍微翻动海鲜使其均匀受热。
5. 加入虾，关火加盖再闷5分钟，撒上欧芹碎，挤点柠檬汁，摆上柠檬瓣即可。

07 芒果饭

一捧糯米的禅意

在去泰国之前，一直觉得糯米应该不会受这个传统佛教国家的欢迎。

在我的印象里，糯米或化身为烧麦里那黏稠到充盈口腔的咸香，或与桂花蜜、莲藕一起在胃里编织出一张甜蜜的陷阱，又或是变成醪糟散发着醉人的气息。

这样的香滑软糯总带着些罪恶的魔力，让人陷入其中不能自拔。

直到我遇到了芒果糯米饭。裹着椰奶香气的糯米少了些不清不楚的黏稠，多了份清冽的甘甜，与成熟度刚刚好的芒果相得益彰，构造出从未想象过的爽快口感。吃得愈多，愈能发现糯米千变万化的面孔，有时觉得它很熟悉，有时又觉得很陌生。

忽而想到了，糯米本就是糯米，只因为受了众生的期许展现出不同的样子，守不住自己，也便没了自己。我们又何尝不是如此呢？在不同的舞台上，变幻着千般容颜。

蓦然回首之时，已离当初那个自己远了。也许在那些甜糯间，会窥见前世的那汪水田？

糯米软糯糍香，芒果灿灿如金，清爽可口，徜徉在舌尖的美味。

材 料

芒果…………… 1 个
五彩稻米…… 200 克
水………… 250 毫升
速溶椰浆粉… 4 汤匙
白砂糖………… 40 克
盐……………… 2.5 克
芝麻………… 少许

做 法

1. 将五彩稻米提前 8 小时浸泡。

2. 制作椰浆：在锅中加入 250 毫升水，4 汤匙椰浆粉，再加入白砂糖和盐，小火加热，充分搅拌至椰浆粉和糖盐完全溶解。关火将 25% 的椰浆倒入小碗，留作上桌浇汁用，余下 75% 的椰浆倒入糯米中。

3. 在电饭煲中将混合了椰浆的米煮熟。

4. 在煮饭时将芒果削皮去核切块或者切片状放入冰箱冷藏备用。

5. 米煮熟后凉凉至室温，然后装盘，放上芒果丁或者芒果片，浇上之前留好的椰浆，表面撒芝麻装饰。

08 Samosa 咖喱饺

吃的独家记忆

在尼泊尔街边随处可见一些小推车，售卖一种三角形的油炸食品。这是南亚地区很有名的小吃 Samosa，内馅通常是土豆泥混合洋葱、青豌豆和各种香料，辛辣软糯，外皮则焦酥脆爽，蘸酱食用别有滋味。

有次参加了一个越野跑的活动，小半天跑下来早已饥肠辘辘，再加上加德满都的初春早晚温差很大，可谓饥寒交迫。当我几乎陷入绝望之时，组织者送来了还冒着热气的 Samosa，顿时觉得比海参鲍鱼还要美味一万倍。这是我和 Samosa 的结缘。

也许正是应了那句话，吃什么其实不重要，最重要的是在什么情况下吃，跟谁一起吃，又有什么关于吃的独家记忆。

材料

洋葱 1 个，土豆 1~2 个，胡萝卜 1 根，豌豆 1 杯，辣椒粉 1/2 茶匙，咖喱粉 1 茶匙，孜然粉 1 茶匙，什香粉 1 茶匙，盐 2 茶匙，春卷皮 5~6 张，蛋液少许，食用油少许

做法

1. 将土豆、胡萝卜、洋葱切丁。
2. 将土豆、胡萝卜与豌豆在锅中加水煮软。
3. 煮好后捞出，土豆碾成泥，加入洋葱碎、辣椒粉、咖喱粉、孜然粉、什香粉和盐搅拌均匀。
4. 取一张春卷皮，将馅料放在上部中间，折一个小帽子。将下边翻上去，左右两角刷蛋液折到背面粘紧。
5. 表面刷蛋液和油，烤箱提前预热 190℃烤 10 分钟即可。

09 越南春卷

为食物加上一层滤镜

不知你看没看过一部讲述20世纪50年代越南的老电影《青木瓜之味》，这是一部简约而缓慢的电影，仿佛让人坐在一艘缓慢摇曳的小船上，慢慢地欣赏着周遭的炎热潮湿与满目碧绿。

电影以诗意的方式讲述了一个女孩的成长故事，画面清澈，对白简短，背景音乐也透着浓浓的西贡风情。

我很喜欢做越南春卷的时候放着这部片子，闻着鱼露和辣椒混杂的味道，仿佛自己也在西贡市井的一方小院里，一边卷起手中彩色的食物，一边感受时间的静静流淌。

简单的春卷如同越南的天空般纯粹自然，却代表着越南美食的独特魅力。

据说春卷之于越南餐有些像饺子之于中餐，几乎是标志性食品。

越南春卷的做法淳朴自然，只需要将简单处理的食材轻轻卷起，被浸润的春卷皮仿佛一层磨砂的滤镜，只为了让食物变得更加柔和美好。想要温柔的口感，便可包裹水果制成甜点；想要独特体验，便制一盘酸辣的蘸汁，让春卷的魅力散发得淋漓尽致。

馅料随意的春卷，轻轻地卷起，万千口味随你挑。

材 料

红柿子椒……… 半个　　越南春卷皮…… 若干
牛油果………… 半个　　甜辣酱………… 适量
胡萝卜………… 半根
黄瓜…………… 半根
虾仁…………… 若干
香菜…………… 少许
生菜叶………… 若干

做　法

1. 将胡萝卜、黄瓜、红柿子椒切丝，牛油果切片，虾仁以虾背为线切成两片。

2. 将越南春卷皮泡在温水中，几秒后拿出平铺。

3. 在春卷皮的上半部依次放上生菜叶、红柿子椒丝、黄瓜丝、胡萝卜丝、牛油果和香菜，下半部分码上两片虾仁。

4. 先折上边，再合上左边和右边，再向下卷起来。

5. 虾仁面朝上装盘，蘸甜辣酱食用。也可以将柠檬汁、米醋、鱼露、粗粒辣椒粉、葱花混合起来制成蘸酱。

6. 用越南春卷皮包裹各式水果和红豆沙可制成水果春卷作为小甜点食用。

10　口袋饼

哆啦A梦的百宝袋

　　众所周知，哆啦A梦的肚子上拥有魔法百宝袋，这个口袋直接通往四次元空间，再多的东西也放得下。

　　有一种面包也有这种神奇功效，叫作 Pita Bread，也就是皮塔饼或者口袋饼，发源于中东及地中海地区，高温烘焙后，原先扁扁的饼体会被酵母释放的二氧化碳气体迅速撑大，胀大成中空的飞碟状，切开便是两个口袋形状的面包。

　　有了这个口袋，可以随心所欲地根据自己的口味装入任何食材，熏鸡肉、培根、虾球、蔬菜……

　　听起来是不是似曾相识？

　　口袋饼在天南海北都有类似的形态——

　　在陕西它叫肉夹馍或者菜夹馍，

　　在河北等北方地区它叫火烧，

　　在新疆它叫馕，

　　在西方它叫汉堡包或者三明治。

　　不同的地域，不同的人文气候，产出不同的风物，形成不同的美食。而各地的美食在各自的平行世界里又在冥冥之中相互呼应着。

简单易做，一只虾，几片洋葱和生菜就能搞定，颜色也很讨喜。

材 料

中筋面粉…… 200 克
白砂糖………… 5 克
盐……………… 1 克
酵母…………… 2 克
温水…… 120 毫升
橄榄油………… 少许
生菜………… 若干
红柿子椒…… 半个
牛油果………… 半个
小型洋葱…… 1 个
小型番茄…… 1 个
虾…………… 10 只
沙拉酱………… 少许
辣酱…………… 少许

做 法

1. 在盆中用适量温水化开酵母和白砂糖，静置 5 分钟。

2. 加入中筋面粉、盐、橄榄油混合均匀，揉成光滑面团。

3. 揉好后移至内壁抹了橄榄油的容器中，盖上保鲜膜于温暖处发酵至两倍大，发酵时间 45 分钟至 1 小时。

4. 将发酵好的面团排气后，均分成五份，盖保鲜膜发酵 10 分钟。每一份擀成 5

毫米厚度圆形或长条形均可。

5. 烤箱提前 10 分钟预热，230℃约烤 5 分钟。饼皮会很神奇的蓬起来，鼓起很萌的小肚子。

6. 烤好的饼稍微放凉后，从中间剪开就变成一个口袋饼了。

7. 鲜虾剥皮水煮后用辣酱调味。生菜洗净，红柿子椒切条，牛油果、洋葱、番茄切片。

8. 在口袋饼中塞入准备好的材料，用沙拉酱调味，即可食用。

11 韩式海鲜煎饼

雨天必备的味道

按韩国人的说法，下雪的时候要吃啤酒炸鸡，下雨的时候则一定要吃煎饼。传说是因为在韩国孩子们小的时候，一下雨，妈妈就会做煎饼给孩子吃，久而久之变成了习惯。

刷了 N 遍的《请回答 1988》从一开始的暖心神剧到了下饭神剧，每看一次便会被其中的美食俘获，从一开始这部剧就用泡菜、年糕、炸鸡等等美食串联起了整部剧的亲情、爱情、友情……

而在众多美食中，最让人难以忘怀的却是看起来最难吃的善宇妈妈做的饭。由于妈妈做饭不好吃，饭菜常常过咸，有时候还会咬到蛋壳，但是善宇从来都满足地吃下妈妈的手艺。

写着写着，海边长大的孩子也怀念起了妈妈最爱做的海鲜味道，再加上韩剧的潜移默化，于是这道韩式海鲜煎饼，应该最能还原妈妈的爱的味道了吧。

拿出妈妈来探望的时候带的鱿鱼和虾仁，经过煎炸，外层酥脆，中心柔软，丰富的馅料 Q 软弹牙。配一杯韩国米酒，刷一集 1988，咬一口海鲜煎饼，一定是"欧么尼"（韩语妈妈），才能给你这样的味道。

将薄薄的面皮，煎至金黄酥脆，
美味便再也藏不住了。

材　料

鸡蛋…………… 1 个	面糊材料：	醋………… 1/2 汤匙
小葱…………… 8 根	低筋面粉…… 120 克	青葱碎……… 1 茶匙
红辣椒 1 个（可选）	盐………… 1/2 茶匙	粗辣椒粉… 1/4 茶匙
鱿鱼圈………… 5 圈	水………… 150 毫升	芝麻……… 1/4 茶匙
虾仁…………… 5 只	蘸汁材料：	
食用油……… 2 汤匙	生抽………… 1 汤匙	

做　法

1. 将蘸汁材料混合搅拌均匀。

2. 将低筋面粉和盐用蛋抽打散，缓慢加入水搅拌均匀。

3. 将一个鸡蛋打散，小葱、红辣椒切小段，鱿鱼圈和虾仁洗净。

4. 将平底锅烧热后加入食用油，用刷子涂抹均匀，码入小葱。

5. 加入鱿鱼圈和虾仁。

6. 均匀倒入面糊，注意锅底不要留缝隙。

7. 倒入蛋液，小火煎 3 分钟至边缘酥脆，底部煎至金黄。小心翻面再煎 3 分钟，用锅铲稍微按压煎至底部金黄。再次翻面煎 30 秒出锅。

8. 在案板上用 pizza 滚刀切小方块，蘸酱汁食用。

12 牛油果意面

一个主角的自我修养

　　我对牛油果有着狂烈的热爱，思慕雪、饭团、春卷……它总是无所不能地与所有菜式和谐共存。它可以很绵密软腴，却又带着一丝清新的果香；它可以很恬淡，却也拥有浓郁的奶香……总的说来，它真的太过平淡平凡，以至于与它相关的料理总需要很多佐料来辅味，但直到食物上桌后，你才会发现，它却莫名其妙地变成了整个餐桌的主角！

　　一颗味道平淡的牛油果，经过一番厨房的演绎，成了味觉的最佳体验。正如我们常说一个演员"有没有味道"，不在于他是否出演主角，而在于他是否能驾驭住角色复杂的内心和情感，以及能否发挥出出色的演技。

　　这，便是一颗牛油果的自我修养。

材料

意面一把，盐1茶匙，虾仁8只，玉米粒适量，圣女果适量，牛油果3个，罗勒叶3~4朵，蒜4瓣，柠檬汁少许，盐1/2茶匙，黑胡椒少许，橄榄油5~7毫升

做法

1. 锅中加2升水，沸腾后加入一茶匙盐，下入意面，用筷子轻轻翻转几下加盖煮8分钟，捞出沥干。
2. 将虾仁和玉米粒煮熟，捞出沥干；将圣女果切半备用。
3. 在打碎机中加入牛油果、罗勒叶、蒜瓣、柠檬汁、盐、现磨黑胡椒搅拌均匀，再加入橄榄油慢速搅拌至乳化。
4. 将所有材料混合，搅拌均匀即可。

13 鸡肉丸法棍三明治

在野餐中虚度光阴

我有一个用餐理论，在户外吃的食物都更美味。

这种感受也许跟大自然的参与有关，和煦的阳光透过树叶在食物上洒下斑驳的光影，与微风和鸟语为伴，十分下饭。

野餐最早的起源据说来自于欧洲贵族大规模狩猎后在户外举办的宴会。在简·奥斯汀的很多小说当中，比如《爱玛》《傲慢与偏见》《理智与情感》，野餐总是不可或缺的一个社交活动，女主们在明媚的艳阳下交流着小心思，两情相悦的情人们在大自然的浪漫背景中互送秋波、情话绵绵。

古往今来，野餐早已成为一种生活方式。

法国美食的文化符号——法棍是野餐中不可缺少的，用法棍制作的三明治更是野餐的绝佳选择。

是时候提上野餐篮了，在夏日的郊外，与三五好友一起，和自然一起呼吸，晃晃悠悠度过闲适的半天，在野餐中"虚度"光阴。

法棍包裹着肉质细滑的鸡肉丸，白芝麻颗颗点缀，实乃野餐的最佳选择。

材 料

配菜材料：		鸡肉丸材料：		五香粉………	2.5 克
胡萝卜………	半根	鸡胸肉………	1.5 杯	玉米淀粉………	适量
白萝卜………	半根	小葱………	1 根	鸡蛋………	1 个
盐………	少许	蒜………	5 瓣	其他材料：	
白砂糖………	少许	姜………	1 小块	食用油………	少许
苹果醋………	5 毫升	蚝油………	5 毫升	法棍………	1 个
芝麻油………	少许	盐………	2.5 克	沙拉酱………	适量
青椒………	半个	白砂糖………	2.5 克		

做 法

制作配菜：

1. 将胡萝卜、白萝卜、青椒切丝。

2. 胡萝卜、白萝卜丝装碗，撒入少量盐、白砂糖、苹果醋、芝麻油，腌制1小时。

制作鸡肉丸：

3. 鸡胸肉剁馅，混合葱花、蒜泥、姜末、蚝油、盐、白砂糖、五香粉、玉米淀粉和鸡蛋，反复搅拌使鸡肉蓉上劲儿。

4. 搅拌好后，左手虎口挤出丸子，右手用勺子接取。

5. 在锅中倒油，油热后放入鸡肉，煎至两面金黄。

6. 将法棍从中间纵向切开不要切断，抹上沙拉酱，铺胡萝卜丝、白萝卜丝、青椒丝，夹上丸子即可食用。

每逢佳节倍爱你——

仪式感的节日餐桌

节日是时间沉淀下来的记忆，是生活中值得纪念的重要日子。各民族和地区都有自己的节日，而不同的节日中又蕴含着不同的情感意义，在节日里纪念、庆祝一定少不了美食的参与，美食让节日更丰富多彩。本章为您精选了一些独特意义的节日，让您通过美食来感受节日的氛围，来丰富节日的内涵，让一家人一起分享节日的欢乐。

01 情人节 心形煎肠炒蛋

爱，是愿为对方妥协

曾在十几岁的花季，幻想着拥有一段纯美而永恒的爱情。那个人，懂我心，知我情，顺我意。

当年岁渐长，真正经历过爱恋，才慢慢领悟，即使是你侬我侬的两颗心，也具有各自高贵独立的个性，也免不了误解、矛盾与磕碰。

爱的真谛，蕴藏在一颗心愿为另一颗心的改变、妥协、迁就之中。当爱情降临，仙人掌会收起锋芒，刺猬会露出柔嫩的小肚皮，《美女与野兽》中暴躁的巨兽会温和地微笑。我爱你，我愿用我柔软的心，给予你温柔。

情人节那天，为你的爱人精心烹制一道香肠爱心料理吧，当喷香的煎肠弯折成完美的心形，两颗心也变得愈发柔软。心心相印，彼此守护，这份爱情，温暖而绵长。

材料

长香肠 2 根，鸡蛋 1 个，食用油适量

做法

1. 将鸡蛋打散，炒碎备用。
2. 将香肠切成裤子状，再将两只裤腿翻折，在裤脚那用牙签固定。
3. 在平底锅中抹油，将香肠两面稍微煎一下盛出。
4. 在里面加入炒蛋即可。

02 情人节 吐司心煎蛋

愿每颗心都被温柔相待

快节奏的生活把现在人们的情感都包上了一层膜，热情，爱心，变得不再那么随处可见。人们已经习惯了隔着屏幕去与人交流，将自己的情感不轻易外漏。

在这个时代里，一见钟情的诱因被逐条分解，一个回眸被安排了无数的条件加持，以至于模糊了那个回眸本身的动人。一直觉得"喜欢"和"想念"应该是情感中最无理的存在，正因为无理，所以难得。

所有行为被触发的诱因，与天气无关，与衬衫无关，与花无关，只与那颗可贵的、滚烫的心有关，突然心动的瞬间决定了所有后续故事的走向。

希望当下一颗心变得滚烫的时候也能有一个如吐司般柔软的怀抱，被温柔相待。

材料　　吐司1片，鸡蛋1个，盐少许，黑胡椒少许

做法

1. 烤盘中铺一张烘焙纸，放上吐司。
2. 在吐司中心用刀划一个心并取出，在镂空处打入鸡蛋。
3. 将吐司放入烤箱160℃烤7~8分钟。
4. 出炉后撒盐和黑胡椒调味即可。

03 情人节 爱心莓果派

经纬交错，婚姻如织

　　有人说，婚姻就像织布，以爱情为线，一根一根千辛万苦交织起来，严丝密缝，慢慢浮现出美丽的图案，织就完整的一块布。

　　男人就像经度，顶天立地；女人就像纬度，细腻绵延。

　　一横一纵经纬交错，无论悲伤还是快乐，都融入每一根线里，最终织成牢固美丽的婚姻。

　　这块布编织得细密还是稀疏，牢固还是薄弱，与男女双方的参与都密不可分。

　　我虽不会织布，编织派皮却是我的拿手料理。将派皮切成等宽的饼条，条条交错缠绕编成网格，相互重叠着的网格透露着扶持彼此的真心。烘焙时从缝隙中迸发出的浆汁，诉说着浓浓的爱意。

　　用编织的心态来经营婚姻，收集一丝一缕的生活灵感，转化为实实在在的幸福和快乐。愿你的人生天天都有莓果派相伴。

水果制成的松香挞，让你爱不释口。
派盘 9 英寸，直径大概 23 厘米

材料

普通面粉…… 275 克
盐………… 2.5 克
冷藏黄油…… 150 克
冰水… 60~120 毫升
草莓、蓝莓… 各适量
白砂糖………25 克
蛋液………… 少许

做法

1. 将面粉和盐过筛，加入黄油丁，将黄油和面粉混合搓成屑，慢慢加入冰水，将面粉整成团。

2. 将面团均分两份，每份揉成圆饼裹上保鲜膜，冷藏 2 小时以上。

3. 在大碗中加入洗净的草莓、蓝莓和糖搅拌均匀，静置 30 分钟。

4. 冷藏后取出面团，在操作垫上撒少许散粉，分别擀成圆薄饼，将其中一份在派盘上按实，用叉子在派底上依次扎孔，另一份则切成 1 厘米宽的长条。

5. 取一半长条依次排开，将偶数条向上翻折，垂直铺上一横条。

6. 将偶数条翻回原位。

7. 将奇数条向上翻折，垂直铺上一横条，再将奇数条翻回原位。

8. 之后将偶数条向上翻折，以此类推。

9. 网格编好后，用刀切出心形，尺寸比派盘要小。

10. 在派盘中码入草莓和蓝莓馅儿，留下碗中多余的汁液。将心形网格小心移至中心，在派皮表面刷蛋液。

11. 在烤盘上铺上烘焙纸，再放上派盘，以免烘焙时溢出多余的汁液。烤箱提前预热，200℃先烤 20 分钟，之后降到 180℃再烤 20 分钟，以表面金黄、内馅儿开始冒泡为准。

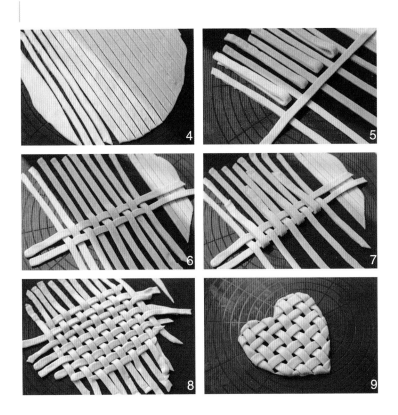

04 情人节 方形草莓心派

陪吃是最长情的告白

意识流先锋女作家弗吉尼亚·伍尔芙有一句名言："一个人如果没有吃好，那他也必定无法好好睡觉，好好思考，好好爱。"美国著名的演员兼导演奥逊·威尔斯也曾说过："先不要夸夸其谈你能为祖国做什么，先说说午饭做什么。"

好的美食不能辜负，爱情也一样。

唯有美食与爱不可辜负。第一次见到这句话，是在殳俏07年的文章里。后来做了厨房的标语，火成经典。

最喜欢的事就是给爱的人做一顿饭，我负责做，你负责吃，一蔬一饭里，都满是阳光和微风的味道。

其实我们爱的，不只是食物本身，还有一起分享、一起经历的那个人。

所谓天长地久就是吃很多很多饭，而你在餐桌的另一边。

有美食和爱人陪伴，每天都是情人节。

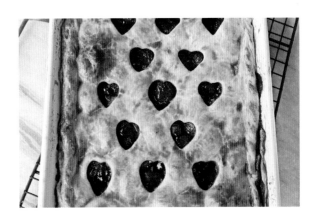

酸甜可口的草莓唤醒你的味蕾，好满足好幸福！

材 料

普通面粉…… 275 克
盐………… 3.5 克
冷藏黄油…… 150 克
冰水… 60~120 毫升
草莓………… 适量
白砂糖……… 25 克
肉桂粉……… 5 克
蛋液………… 少许

做 法

1. 将面粉和 3 克盐过筛，加入黄油丁，将黄油和面粉混合搓成屑。慢慢加入冰水，将面粉整成团，不要过度揉面，以免生筋。
2. 将面团均分两份，每份揉成饼裹上保鲜膜，冷藏两小时以上。
3. 在大碗中加入洗净的草莓、白砂糖、肉桂粉和剩余盐搅拌均匀，静置30分钟。
4. 冷藏后取出面团，在操作垫上撒少许

散粉，分别擀成长方形薄饼，将其中一份在派盘上按实，用叉子在派底上依次扎孔。

5. 另一份用压模压出小心形，并将其取出做成镂空派皮。

6. 在派盘中码入草莓馅儿，留下碗中多余的汁液。

7. 将镂空派皮小心铺在派盘上，与派底的边捏合在一起，在派皮表面刷蛋液。

8. 在烤盘上铺上烘焙纸，再放上派盘，以免烘焙时溢出多余的汁液。烤箱提前预热，200℃烤40~50分钟，以表面金黄、内馅儿开始冒泡为准。

05 情人节 爱心镂空松饼

每个大厨背后都有甘愿试菜的小白鼠

　　没有人生下来就会做饭，我想每个大厨背后都会有一段料理黑历史和一群甘愿牺牲味蕾的试菜小白鼠。

　　我的厨房处女秀献给了国民下饭菜——炒土豆丝。费尽九牛二虎之力，却以失败而告终，爸妈安慰道："还是不错的，勇气可嘉。"

　　有了他们的支持，我越挫越勇。给我试菜的小白鼠，除了父母，后来又加了公婆和老公，小白鼠的队伍壮大了，不变的是一如既往的鼓励和支持。

　　那些年烤成炭的曲奇、没熟的面包、夹生的米饭，活生生地上演了一部食在囧途。幸运的是，耳畔总会响起："加油，下次会更好的。"

　　跌跌撞撞的料理之路，谢谢你们，陪我一起走过。

材 料　牛奶 100 毫升，鸡蛋 55 克，融化黄油 25 克，糖 20 克，盐少许，低筋面粉 120 克，泡打粉 3 克，食用油少许

做 法　1. 将牛奶、鸡蛋、融化黄油、糖、盐用蛋抽搅拌均匀，筛入低筋面粉、泡打粉，混合成光滑面糊，静置 15 分钟。

　　2. 将面糊倒入裱花袋，在末端剪一个小口，平底锅抹油开最小火，用裱花袋在锅上画心或者 love 等其他图案。

　　3. 盖上锅盖，待表面凝固再稍煎几秒即可出锅。

06 儿童节 卡通吐司

回归童心的解锁密码

小时候总爱拿着画笔到处画，墙上、桌子上、纸上……长大后，却鲜少拿起画笔了。

后来我发现，画画其实离我们并不远，它在给家人准备的便当里，在叠得整整齐齐的衣柜里，在用心生活的朝朝暮暮里……这是生活的艺术，微小却不平凡。

我们每天都吃的、看起来平淡无奇的吐司君，也可以因心有欢喜而变得生动有趣。在吐司上画画，既是一件开心的小事，亦是回归童心的解锁密码。

将温度变成画笔，来勾勒出早餐的模样。隔着烤箱看吐司一点一点勾勒出金黄的外衣，心也跟着丰盈起来。

所有，一起来做有趣的食物吧，这是对童心最好的回归。

 吐司适量，巧克力酱适量

材料

做法

1. 用剪刀将锡纸按照吐司的尺寸剪出各式图案，将哑光的一面对着吐司，锡纸盖住的地方在烤制中不会变色。
2. 烤箱提前预热175℃，放在上层烤5分钟左右。
3. 将巧克力酱装到小裱花袋中，剪一个小口，勾边，画上眼睛、鼻子、嘴巴。

07 儿童节 向日葵便当

便当是满满当当的爱意

　　跟邻居家的小萝莉聊天，问她每天在学校吃什么。她一脸自豪地说，妈妈的便当！咖喱饭、三明治、意面、炒饭，各种各样的，超好吃，同学们都很羡慕。提起妈妈的便当，她的眼神都雀跃起来。

　　想起我的小学一年级，那会儿刚刚转到新的学校，周围的一切都很陌生。每天最期待的就是午餐时刻打开妈妈做的便当。到底做了什么饭菜，我现在已经记不清了，但是暖暖的味道却深深地烙在记忆里，小小的便当对那时小小的我来说有着大大的安慰。现在想起来，妈妈一定是很早很早就起床给我做便当，虽然便当不像日剧里做得颜值那么高，却也是极其用心，每次都被我吃得干干净净。

　　便当会给人带来很多记忆，不仅是食材的味道，更有享用时的心情。无论是春游时的煮鸡蛋和煎午餐肉，还是忙碌工作日里的番茄炒蛋盖饭，打开后就能感受到家人的爱意蔓延开来。

　　为你家的小朋友或者大儿童做一盒向日葵便当吧，让他们打开便当便拥有一份灿烂的心情。

金黄的鸡蛋上摆放着香酥火腿，一朵好吃的向日葵就这样盛开了！

材料

米饭…………… 1 杯
寿司醋………20 毫升
火腿…………… 2 片
鸡蛋…………… 1 个
淀粉……… 1/2 茶匙
水…………… 1 茶匙
胡萝卜………… 适量
食用油………… 适量

做法

1. 在蒸好的米饭中趁热加入寿司醋搅拌均匀，备用。

2. 在火腿片表面切格子。

3. 锅中放油，将火腿放在锅中煎至焦黄开花，备用。

4. 将鸡蛋打成蛋液，加入淀粉和水混合均匀，过筛。

5. 在平底锅中（方形的玉子烧锅更好）倒油，将油涂抹均匀，开最小火，再倒入一层蛋液,晃动平底锅摊饼,盖上锅盖待表面凝固后关火再等两分钟出锅。

6. 将摊好的蛋饼切成长方形,对折后,切出平行的条。

7. 在纸杯中加入米饭,铺上蛋饼,盖上火腿,做成向日葵杯。

8. 在便当盒中铺上油纸、生菜、向日葵杯及其他配菜。

9. 胡萝卜花切法如图,我用普通水果刀切的,若有花型切模会更方便。

10. 将火腿、胡萝卜、向日葵杯摆放好。

08 儿童节 萌萌鸡便当

有一个会做饭的妈妈是什么体验?

有一个不会做饭的妈妈是什么体验?

这是知乎上的一个热门问题,已经有一千多个回答,俨然成为了对母上大人厨艺的吐槽大会。答案让人忍俊不禁,哭笑不得。

有网友说:"在学校吃食堂,很长一段时间,我都无法理解为什么别人都说,好难吃好难吃,还是家里的饭好吃。"

另一位网友回答:"虽然我妈做的饭不能吃,烧的水还是能喝的。"

还有一位同学在晒了妈妈的黑暗料理组图之后总结道:"真没想到我在知乎的第一次回答就这样献给了我黑暗的童年。"

看了很多网友"悲惨"的经历,瞬间觉得自己好幸运,我妈就是人们口中的"别人家的妈妈"。做饭又快又好,连早餐都不惧麻烦,日日两菜一汤起早准备。

所以为了日后不被吐槽,锤炼厨艺刻不容缓,就从可以轻易收买童心的萌萌鸡便当开始吧!将来你的宝宝要回答的会是"有一个超级会做饭的妈妈是一种怎样的体验"这种问题。

只用鸡蛋、胡萝卜也能做得好吃的小便当，不仅营养，而且美味。

材料

生菜…………… 2 片
米饭…………… 1 杯
寿司醋……… 20 毫升
鸡蛋…………… 1 个
淀粉……… 1/2 茶匙
水…………… 1 茶匙
海苔………… 1 小片
胡萝卜………… 1 片
番茄酱………… 少许
食用油………… 少许
肉松………… 适量

做 法

1. 准备便盒。

2. 在便当盒底部放入生菜。

3. 在蒸好的米饭中趁热加入寿司醋搅拌均匀。用保鲜膜包裹米饭捏成椭圆形，米饭中可以根据自己的口味加入肉松、鸡蛋碎等馅料，放入便盒。

4. 制作蛋饼：将鸡蛋打成蛋液，加入淀粉和水混合均匀，过筛（这步很重要，不能省略，可以使摊出来的蛋饼表面光滑）。在平底锅中（方形的玉子烧锅更好）倒油，涂抹均匀，开最小火，再倒入一层蛋液，晃动平底锅摊饼，盖上锅盖待表面凝固后关火再等两分钟出锅，依照饭团大小切出两个长方形蛋饼，铺在饭团上。

5. 在饭盒角落塞入其他配菜。

6. 用海苔剪出眼睛，胡萝卜切出两片嘴巴，用筷子蘸番茄酱做腮红。

7. 小公鸡便当做法同上，鸡冠是红柿子椒，打了玻尿酸的嘴巴是煮熟的玉米粒。

09 万圣节 奶油杯子蛋糕

隐藏在 cosplay 里的生存哲学

如果在食物届评选 Cosplay 的高手，杯子蛋糕和三明治肯定是名列前茅的。

三明治自不必多说，夹什么随心所欲花样繁多。

对于杯子蛋糕来讲，角色扮演的拿手绝活就在于蛋糕上的配料了，水果、焦糖、巧克力等等不一而足。奶油更是其中翘楚，一个简单的裱花就能让杯子蛋糕从家常甜点变身为节庆应景的最好点缀，从婚宴、酒吧到路边的便利店，你会发现杯子蛋糕拥有着可怕的生命力。

这就是杯子蛋糕的生存哲学，有着保证口感的安全底座，加上无穷变化刺激食欲的丰富组合，无往而不利。

生活亦是如此，有稳定的基础和多彩的尝试，又怎会无聊呢？

材 料

室温软化黄油 100 克，白砂糖 59 克，鸡蛋液 100 克，低筋面粉 100 克，泡打粉 2.5 克，核桃仁若干，淡奶油 90 克，橙色食用色素数滴

做 法

1. 黄油和 50 克白砂糖打发至略发白，分次加入蛋液，搅拌均匀。

2. 分三次筛入低筋面粉和泡打粉，加入核桃仁，搅拌均匀。

3. 将面糊装入模具中的蛋糕纸中，七分满即可，烤箱提前预热，180℃烤 15~18 分钟，烤好后取出冷却。

4. 在打蛋盆下垫一盆冰水，在淡奶油中加入 9 克白砂糖和几滴橙色食用色素，将奶油打发到能看到清晰的纹路，装进裱花袋中在杯子蛋糕上裱花即可。

10 万圣节 墨鱼汁吸血鬼意面

餐桌上永远有童年

　　万圣节给我感触最深的并非化妆游行，而是上门要糖果的小孩子，这种氛围怕是只有在国外才体会得到。每个国家的童年都有各自的"小规矩"，就像小时候我们会收集贴纸和卡片，年节的时候会互相炫耀家里的窗花。万圣节同样如此，收获糖果的数量和质量会成为小伙伴们追求的"胜果"，他们为此奔波匆忙。

　　不知从什么时候开始，童年的那些不知所谓的努力在脑海深处慢慢地变淡了，而在节日的时候，自己也会微笑着看孩子们为了饺子里的"甜头"暗自较劲，好像那种衬托着节日氛围的紧张感已经离自己很远了。

　　为了留住节日和童年，有了这道吸血鬼意面。

材料

意面 2 人份，墨鱼汁酱包 1 包，蒜 4 瓣，中型洋葱 1 个，粗粒辣椒粉 1 汤匙，橄榄油 2 汤匙，圣女果适量，盐 2 茶匙，鱿鱼圈若干，干白 60 毫升，西芹叶适量

做法

1. 烧一锅热水，沸腾后加一茶匙盐，下入意面，加盖煮 8 分钟，捞出沥干，与墨鱼汁酱包混合搅拌均匀。

2. 在锅中加入橄榄油，将洋葱和蒜切碎下油锅爆香，用中火慢慢炒至洋葱变成半透明，下粗粒辣椒粉翻炒，然后加入鱿鱼圈、切半的圣女果，翻炒两分钟，加入一茶匙盐，再加入干白煮开，大火收汁。

3. 将做法 2 中的菜肴浇在做法 1 的意面上，撒上西芹叶装饰即可。

11 万圣节 南瓜幽灵咖喱饭

过别人的节，开自己的心

对于中国人过洋节一度引争议。而我认为，大家只是想找一个聚众狂欢的理由，一个欢乐放松的机会。

我喜欢过中国人的传统节日，因为它是与家人团聚的时光，也是吃货们的盛宴，春节的饺子、十五的元宵、端午的粽子、中秋的月饼，每一种节日的美食都饱含跟亲人分享的喜悦。

我也喜欢过情人节、圣诞节、万圣节等西方的节日，大家在这一天或认真准备礼物、精心梳妆打扮，去赴一个浪漫的约会；或忙着筹备大餐，迎接一场华丽的派对。放松心情，给压抑太久的情绪一个宣泄的出口。

无论是传统节日还是洋节，只要我们的生活有滋有味，土洋之争不必太计较。

材料

葱花少许，土豆 1 个，胡萝卜 1 根，豌豆 1/2 杯，秋葵 5 根，食用油 2 汤匙，咖喱砖 45 克，米饭适量，海苔少许

做法

1. 秋葵、土豆和胡萝卜切片，留下秋葵头做南瓜蒂，用星星切模在土豆和胡萝卜片上压出小星星。

2. 锅里放油，烧热后加入葱花炒香，再加入土豆、胡萝卜、豌豆和秋葵翻炒 2 分钟。

3. 加适量水，将土豆炖至软烂，加入咖喱砖，翻炒均匀后盛盘。

4. 将米饭捏成椭圆形；用海苔剪出五官贴在饭团上，将秋葵插在头顶做南瓜蒂；组装后放进咖喱中即可。

12 万圣节 鬼魂夹心饭团

小黑球也有春天

《千与千寻》中，我最爱的是小黑球，或者叫灰尘精灵、煤煤虫、黑小鬼……明明出场时间不多，却自带萌点抢镜十足，就算你有密集恐惧症也能轻易爱上……

小小的灰尘精灵，正是宫崎骏的用心之处。这些在现实中被认为是低微肮脏的灰尘，却用最可爱的形象呈现。万物皆有灵性，可爱的小精灵也是，他们内心纯真、勤勤恳恳，与日月花草一样，是大自然最美好的作品。

厨房与童话异曲同工，同样能发现大自然万物最美的样子，赋予它们灵性与生命。在一只只化身夹心饭团的小精灵中间塞满各种美味，用海苔做伪装的外衣，再加上一双能看世界的双眼。看似简单平凡的小黑球，从此就有了新的灵性和味道。

材 料　米饭适量，海苔 1~2 张，芝士片 1 片，即食红油金针菇适量，即食金枪鱼肉适量

做 法
1. 在保鲜膜上放上一大勺米饭，裹上保鲜膜捏紧成团，然后去掉保鲜膜。
2. 将饭团放在一张海苔上，在海苔外面裹上保鲜膜捏紧握成团，再去掉保鲜膜。
3. 在饭团中间横切一刀，塞进红油金针菇和金枪鱼肉。
4. 芝士片用裱花嘴的大头切出眼睛的轮廓，用吸管切出瞳孔，用镊子夹着放在饭团上做眼睛。

13 圣诞节 雪花面包

今年的圣诞节会下雪吗?

圣诞节应该算是除了情人节之外最有爱情气氛的节日了吧,槲寄生下的热吻让这个节日成为暧昧升华的高峰,如果再有一场配合的雪,就更完美了。

每当临近圣诞的时候,我就开始期盼着一场恰如其分的降雪,这时的雪就像是为纯洁的浪漫送上的丘比特神箭。也正是因为有这样的期盼,才让这个日子变得不同,即使没见到雪花,却始终在等待浪漫。

槲寄生常见,但准时的飞雪却不易得,让这种期待平添了一种缘分的味道。

我们总是无法定义什么是对的时间,所以才会给这个时间加上诸多的条件,如果天意让这些条件都被满足,自己也终究能说服自己对得起命运。

我时常感念着这些从不会向伴侣吐露的小心机,它是那么甜蜜与浪漫。让女生心动的契机真的很难捉摸,或许是情人节的那只新手采摘的玫瑰,又或许是挂着雪花的槲寄生下靠近的嘴唇。

像雪花般的面包,又会触动谁的心?

美丽的雪花被烤成金黄色，外焦里嫩，满口香软。

材 料

温牛奶…… 180 毫升
鸡蛋………… 2 个
盐………… 少许
高筋面粉…… 450 克
白砂糖……… 30 克
酵母………… 5 克
室温软化黄油… 30 克
果酱………… 适量

做 法

1. 将鸡蛋打成蛋液，留一点最后刷面团用。将除黄油和果酱以外的材料放入和面机中揉成光滑面团，再加入黄油揉至扩展阶段，盖保鲜膜发酵一小时左右至两倍大。

2. 将面团排气后均分成四份。每份揉圆擀成圆薄饼，越薄越好。

3. 取一只比饼皮稍小的圆盘扣在饼上，用刀沿着盘子边画圆切去多余面皮。

4. 在圆饼上抹一层果酱，铺第二张饼皮，再抹一层果酱，铺第三张饼皮，再抹一层果酱，铺第四张饼皮。

5. 取一只杯子放在饼皮正中间。

6. 用刀将饼均切出 16 条细缝。

7. 两条一组，左边一条向左扭两圈，右边一条向右扭两圈，依次整形。

8. 在整形好的生坯上刷蛋液，盖保鲜膜醒发 30 分钟。烤箱提前预热，180℃烤 20 分钟，以表面金黄为准。

14 圣诞节 圣诞树春卷皮派

事半功倍的偷懒小秘方

圣诞节越来越深入人心，从流行送平安果变成恋人之间必不可少的节日，如今，甚至都演变成了亲子活动的主题日。

昨天，闺蜜一边看娃一边吐槽，要照顾孩子的日常，还要为孩子准备圣诞装，幼儿园还布置了节日手工……哪还有工夫做一份精致的圣诞料理，连看面团醒发的精力都没有，真不知道怎么才能用心地经营出节日的气氛，恐怕能勉强完成日常任务就不错了。但翻开朋友圈一看，好多妈妈都给孩子做了圣诞料理，难免还有些自责……

可怜天下父母心，总觉得自己做得不够好，其实，你和圣诞节之间只差这一个偷懒小方子的距离！

忙碌的间隙，只要用几张春饼皮和一颗西蓝花就可以拼凑出最浪漫的圣诞节。家务之余进行简单的堆叠之后就能放进烤箱，十几分钟后就能变成一棵营养美味的圣诞树。

我相信，当宝宝一口口咬着松脆的春饼皮，他一定会明白，世界上最珍贵的圣诞礼物不是料理，而是你用心的陪伴！

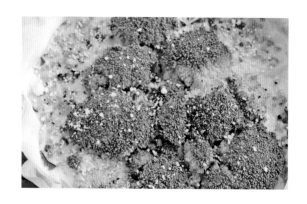

酥脆的春卷皮，卷住了软绵与营养。
烤盘尺寸：直径 24 厘米。

材　料

春卷皮……	8~10 张	海盐…………	少许
鸡蛋…………	4 个	黑胡椒………	少许
红柿子椒……	1/4 个	芝士粉………	适量
西蓝花………	1 颗		
香菇…………	3 朵		
胡萝卜………	半根		
培根…………	2 片		

做 法

1. 在烤盘中交错铺上 8~10 张春卷皮。

2. 倒上四个鸡蛋打成的蛋液。

3. 从上往下摆上用红柿子椒刻的星星，西蓝花圣诞树和香菇树根。

4. 在蛋液中撒入胡萝卜丁、香菇丁、柿子椒丁、培根或者火腿丁，再撒上海盐和黑胡椒调味。

5. 烤箱提前预热 180℃，烤 15~20 分钟，以春卷皮变黄、蛋液凝固为准。

6. 出炉后撒上芝士粉即可。

15 圣诞节 圣诞树面包

如果餐桌想要过个节

我很认同一位家具设计师的观点：其实家的感觉在餐厅。

对我来说，一个家最不能舍弃的家具大概是餐桌。我爱分别一天的家人晚归后守在餐桌旁分享受美食的喜悦，爱他们在餐桌旁交流彼此的喜闻乐见的模样，也爱三五好友聚在餐桌上的觥筹交错，更爱伏在餐桌上誊写、创新着我的菜谱，字里行间仿佛能感受到食材的香气萦绕鼻尖。

万物皆有灵气，我感恩餐桌带给我的幸福感，不禁想，如果餐桌想要过个节，我该送他一道什么？圣诞树面包责无旁贷位列第一。

带着红豆沙香气的面包总是很好吃的，用最直接最具象的方式烘焙出闪着星星的圣诞树的模样，空气中弥漫着甜香。

庆祝节日最好的媒介就是食物，用美食装点餐桌，这大概是我心中能给劳苦功高的餐桌再好不过的节日礼物啦。

谁说圣诞树只能长在地上，
它还能长在烤盘里，长在舌尖！

材 料

温牛奶……… 180 毫升
鸡蛋………………… 2 个
盐………………… 少许
高筋面粉…… 450 克
白砂糖………35 克
酵母………… 5 克
室温软化黄油…30 克
红豆沙………… 适量

做 法

1. 将鸡蛋打成蛋液，留一点最后刷面团用。将除黄油和红豆沙以外的材料放入和面机中揉成光滑面团，再加入黄油揉至扩展阶段，盖保鲜膜发酵一小时左右至两倍大。

2. 将面团排气后，均分成两份，每一份可以做一颗圣诞树。

3. 取一份面团均分成四份，分别擀成等腰三角形，擀得越薄越好。

4. 在烘焙纸上铺一张面皮。

5. 抹上一层红豆沙（可用果酱或 Nutella 巧克力酱代替），再铺上一张面皮，抹上一层红豆沙，再铺一张面皮，抹一层红豆沙，再铺一张面皮。

6. 按图切成 1 厘米宽小条。

7. 朝树顶方向根据长度卷一到两圈。有多余面团可以用切模切出星星粘在树上。

8. 在做好的面包生坯上刷蛋液，盖保鲜膜醒发 30 分钟。烤箱提前预热，180℃烤 20 分钟，以表面金黄为准。

16 圣诞节 糖霜饼干

呼朋唤友过"圣诞结"

每年刚进入 12 月，我就异常地兴奋。圣诞，是年末重要的压轴性节日，是我呼朋唤友、欢聚一堂的盛宴时刻。平日里亲密无间的朋友也难得常聚，曾经惺惺相惜、无话不谈的闺蜜，已有半年的时间未见了……

为了摆脱越来越强烈的"孤岛感"，我给自己开了"圣诞结"这一剂良药。圣诞节的时候，邀上一群许久未见的朋友，三三两两围坐在桌旁，摆上精心准备的手作糖霜饼干与橙片挂。这时，弥漫在空气中有清新的香气，有甜蜜的美味，更有我们打开尘封心灵的欢悦。

愿你也能和好友们一起，打个完美的"圣诞结"。

材料

饼干材料：室温软化黄油 100 克，糖粉 50 克，室温全蛋液 40 克，低筋面粉 200 克

糖霜材料：糖粉 150 克，鸡蛋清 22 克，柠檬汁 2 滴

做法

1. 黄油用打蛋器搅打至顺滑。加入糖粉，用打蛋器低速搅打至完全混合；再调到高速继续打发 5 分钟。

2. 分三次加入全蛋液搅打混合，筛入低筋面粉，揉成面团。

3. 拿两张烘焙纸把面团放在中间，擀成 5 毫米厚的饼皮，放入冰箱冷藏 1 小时。

4. 用饼干模在面团上切出要烤的形状，用牙签在上部扎上圆孔，放在烤盘上。烤箱提前预热，170℃烤 14 分钟。

5. 蛋白用打蛋器打至发白，加入柠檬汁，再分三次加入糖粉，打至顺滑。装入裱花袋中，在饼干上绘制图案。